燃气行业管理实务系列丛书

U0160026

燃气计量与智慧燃气

李祖光　宋广明　主编

中国建筑工业出版社

图书在版编目(CIP)数据

燃气计量与智慧燃气 / 李祖光,宋广明主编. — 北京:中国建筑工业出版社,2021.7
(燃气行业管理实务系列丛书)
ISBN 978-7-112-26227-4

Ⅰ.①燃… Ⅱ.①李…②宋… Ⅲ.①城市燃气—计量—教材 Ⅳ.①TU996

中国版本图书馆 CIP 数据核字(2021)第 113787 号

　　燃气计量是一个较为复杂的测量过程,遍布燃气门站、储配站以及各类终端用户,涉及流量、温度、压力、成分、液位等主要参数,而流量计量是燃气计量的中心内容,因为绝大多数流量计量都属于贸易结算范畴,流量计量的准确与否关系到燃气企业和千家万户的经济利益,同时也关系到燃气企业在社会上的整体形象,体现燃气企业的管理水平。本书共 4 章,分别是:燃气表发展的历史、燃气计量仪表通信技术的发展、智慧燃气、物联网在智慧城市中的应用。

　　本书可供燃气行业广大管理人员、技术人员、操作人员使用。也可作为燃气行业职工培训教材使用。同时也可作为大专院校师生参考。

　　责任编辑:胡明安
　　责任校对:焦　乐

燃气行业管理实务系列丛书
燃气计量与智慧燃气
李祖光　宋广明　主编
＊
中国建筑工业出版社出版、发行(北京海淀三里河路 9 号)
各地新华书店、建筑书店经销
北京红光制版公司制版
天津翔远印刷有限公司印刷
＊
开本:787 毫米×1092 毫米　1/16　印张:11¼　字数:193 千字
2021 年 7 月第一版　　2021 年 7 月第一次印刷
定价:**50.00** 元
ISBN 978-7-112-26227-4
(37724)

燃气行业管理实务系列丛书
编　委　会

仇　梁（天信仪表集团有限公司）

师跃胜（山东南山铝业股份有限公司天然气分公司）

宋广明（铜陵港华燃气有限公司）

苏　琪（广西中金能源有限公司）

唐春荣（镇江华唐管理咨询有限公司）

王　波（新疆浩源天然气股份有限公司）

王传惠（深圳市燃气集团股份有限公司）

王鹤鸣（兖州华润燃气有限公司）

王伟艺（北京市隆安（深圳）律师事务所）

王小飞（郑州华润燃气股份有限公司）

伍荣璋（长沙华润燃气有限公司）

许开军（湖北建科国际工程有限公司）

杨常新（深圳市博轶咨询有限公司）

于恩亚（湖北建科国际工程有限公司）

张景钢（应急管理大学（筹））

周廷鹤（南京苏夏设计集团股份有限公司）

卓　亮（合肥中石油昆仑燃气有限公司）

邹笃国（深圳市燃气集团股份有限公司）

法律顾问：丁天进（安徽安泰达律师事务所）

秘 书 长：伍荣璋（长沙华润燃气有限公司）

4

本 书 编 写 组

主　编：李祖光（浙江威星智能仪表股份有限公司）

　　　　宋广明（铜陵港华燃气有限公司）

副主编：余庆竹（浙江威星智能仪表股份有限公司）

　　　　全　勇（深圳市燃气集团股份有限公司龙岗分公司）

　　　　侯凤林（郑州华润燃气股份有限公司）

　　　　朱柯培（中油龙慧北京信息科技分公司）

成　员：李林峰（济南港华燃气有限公司）

　　　　张琼娜（郑州华润燃气股份有限公司）

　　　　姜　坤（浙江威星智能仪表股份有限公司）

　　　　伍荣璋（长沙华润燃气有限公司）

主　审：李林峰（济南港华燃气有限公司）

前　言

  燃气计量是一个较为复杂的测量过程，遍布燃气门站、储配站以及各类终端用户，涉及流量、温度、压力、成分、液位等主要参数，而流量计量是燃气计量的中心内容，因为绝大多数流量计量都属于贸易结算范畴，流量计量的准确与否关系到燃气企业和千家万户的经济利益，同时也关系到燃气企业在社会上的整体形象，体现燃气企业的管理水平。

  燃气企业在运营过程中，燃气表的计量准确度以及用户的缴费及时性，对燃气企业的效益以及运营起直接影响。传统的人工抄表，不仅对人力需求是一个巨大的挑战，更受限于用户的配合度等许多实际情况。对燃气公司的抄表工作带来巨大的压力，尤其是居民对私密意识和安全意识越来越强，入户抄表愈加不易，直接造成燃气企业运营成本和管理成本居高不下。为了实现天然气行业的健康持续发展，实现节能减排，需要利用阶梯价格杠杆调节燃气用量的平衡。

  国家发展改革委、国家能源局联合发布的《能源生产和消费革命战略（2016～2030）》中明确了将全面建设我国"互联网＋"智慧能源，促进能源与现代信息技术深度融合，推动能源生产管理和营销模式变革，重塑产业链、供应链、价值链，增强发展新动力。智慧燃气是时代赋予燃气计量领域的使命，更是我国"智慧能源"战略的重要组成部分。

  近年来，随着物联网技术的渗透，智慧燃气的发展势头越来越强劲。燃气智慧计量是智慧燃气的重要组成部分。燃气智慧计量技术可实现城市管网、用户终端的天然气流量、温度、压力等信息的实时在线采集，并进行数据分析，为能源大数据以及生产、管理、调度等提供必要的参考依据。

  本书主要从燃气表的发展历史、燃气计量仪表通信技术的发展、物联网智能燃气表、智慧燃气、物联网在智慧城市中的应用做了介绍。本书可以作为城镇燃气经营企业、计量技术机构、计量仪表制造厂商等技术人员、管理人员以及高校相关专业的培训教材和学习参考读物。

  由于编者水平有限，书中不妥之处在所难免，敬请广大读者批评指正。

目　录

第一章　燃气表的发展历史

流量计量的发展可追溯到古代的水利工程和城市供水系统，古罗马恺撒时代就出现了采用孔板测量居民饮用水的水量。公元前 1000 年左右，古埃及用堰法测量尼罗河的水流量。我国著名的都江堰水利工程就是应用宝瓶口的水位，来观测水量的大小。

17 世纪，意大利科学家托里拆利奠定了差压式流量计的理论基础，这是流量计量的里程碑。18、19 世纪，许多类型的流量计量仪表的雏形开始形成。1738 年，瑞士物理学家丹尼尔·伯努利在《流体动力学》一书中，用能量守恒定律解决流体的流动问题，提出了流体动力学的基本方程，即著名的"伯努利方程"，基本原理为"流速增加、压强降低"的伯努利原理，并以此方程为基础发明了差压式流量计。

1815 年，英国工程师塞缪尔·克莱奇（Samuel Clegg）发明了水封式旋转鼓轮式煤气表，体积较大，主要用于煤气厂输送煤气的计量。1832 年，塞缪尔·赫尔（Samuel Hill）在美国巴尔的摩市制造了第一台水封的旋转鼓轮式家用煤气表，这种家用煤气表主要是根据鼓轮旋转的转数来计算煤气的输出量，其误差比较大。1833 年，英国的詹姆斯·博格达斯（Jimas Pocadas）发明了膜式结构的家用煤气表，所用膜的材料是浸过油的丝绢。1844 年，英国的曼·克罗尔（Messrs Croll）和理查德（Richards）制造了两个圆形皮膜和两个相应滑动气门的煤气表。若干年后，英国的托马斯·格罗浮（Thomas Glover）对其不断改进，使其发展为现在普遍使用的家用膜式燃气表。

意大利科学家 G. B. 文丘里研究用"文丘里管"测量流量，并于 1791 年发表研究成果；1886 年，美国科学家 C. 赫歇尔用文丘里管制成测量水流量的测量装置。

20 世纪初期，人们继续探索新的测量原理。1910 年美国开始研制测量明沟中水流量的槽式流量计。1922 年，R. L 帕歇尔将原文丘里水槽改革为帕歇尔水槽（1929 年美国土木工程师协会所命名）。

涡轮流量计在 1940 年初期就应用于准确测量飞机的燃油消耗，1953

年用于测量气体流量，直到 1963 年罗克韦尔推动了一款改进的涡轮流量计用于天然气工业，涡轮流量计才被用于天然气工业测量气体流量。1981 年美国气体协会（公司）发表报告后，涡轮流量计就牢牢地占据了天然气行业的气体流量测量计量的市场。

1928 年，德国人成功研制超声波流量计，并取得了专利。1955 年一种基于声循环法的两组探讨（换能器）组成的液体流量计，被应用于马克森（MAXSON）流量计测量航空燃油计量。1958 年 A. L. H-ERDRICH 等人发明了折射式探头，进一步消除由于管壁的交混回响所产生的相位失真，也为管外夹装提供了理论依据。进入 20 世纪 70 年代以后，由于集成电路和锁相环路技术的发展，使超声波流量计得以克服以前的准确度不高、响应慢、稳定性和可靠性差等致命弱点，超声波流量计得以快速发展。

1835 年，法国气象学家科里奥利提出，为了描述旋转体系的运动，需要在运动方程中引入一个假想的力，这就是科里奥利力。科里奥利力是对旋转体系中进行直线运动的质点由于惯性相对于旋转体系产生的直线运动的偏移的一种描述，是以牛顿力学为基础的。引入科里奥利力之后，人们可以像处理惯性系中的运动方程一样简单地处理旋转体系中的运动方程，大大简化了旋系的处理方式。由于人类生活的地球本身就是一个巨大的旋转体系，因而科里奥利力很快在流体运动领域取得了成功的应用。1933 年，人类利用科里奥利力的原理设计了一些仪器进行测量和运动控制，1970 年由美国高准（Micro Motion）公司开发生产出了质量流量计。

20 世纪由于过程工业、能量计量、城市公用事业等对流量计量的需求急剧增长，促使了流量计量仪表迅速发展。微电子技术和计算机技术的飞跃发展极大地推动了流量计量仪表更新换代，新型流量计如雨后春笋般涌现出来。至今，据称已有上百种流量计投向市场，现场使用中许多棘手的难题都可以获得解决。

我国开展近代流量计量技术的工作比较晚，早期所需的流量仪表均从国外进口。1865 年，我国上海的英租界使用了英国运来的煤气表。1929 年，上海建立煤气表修理厂。1934 年，在上海建成了拥有直立式干馏和增热水煤气炉的煤气厂生产城市煤气。1954 年，我国研制了第一台煤气表，其膜片材料是用铬酸鞣制的羊皮。

1958 年，国家建成了开封仪表厂和合肥仪表总厂，生产涡轮流量计、腰轮流量计、孔板流量计；1960 年，上海自动化仪表九厂成立，生产涡街流量计、涡轮流量计；1965 年，四川热工仪表总厂成立，生产涡轮流量计、腰轮流量计；1975 年，浙江苍南仪表厂成立，生产旋进旋涡流量计、涡轮流量计、腰轮流量计；1995 年，天信仪表集团有限公司成立，生产旋进旋涡流量计、涡轮流量计、腰轮流量计等，见图 1-1～图 1-3。

图 1-1　早期燃气表生产方式

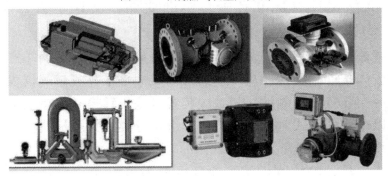

图 1-2　常用的燃气表

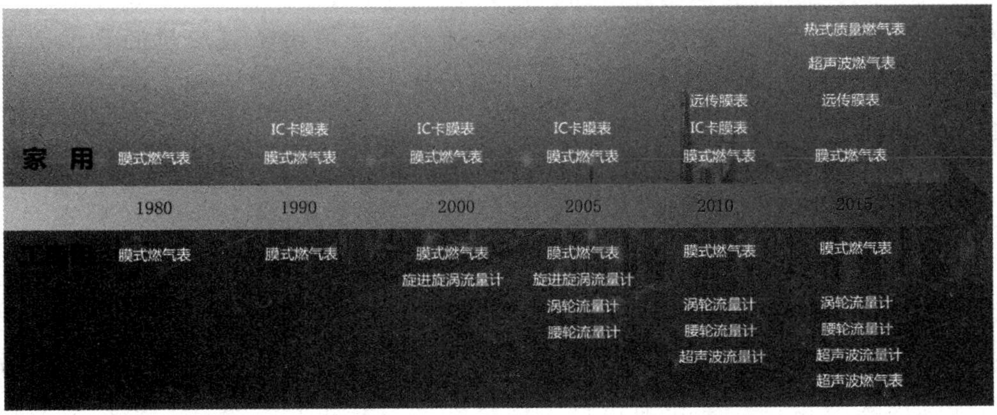

家用	膜式燃气表	IC卡膜表 膜式燃气表	IC卡膜表 膜式燃气表	IC卡膜表 膜式燃气表	远传膜表 IC卡膜表 膜式燃气表	热式质量燃气表 超声波燃气表 远传膜表 膜式燃气表
	1980	1990	2000	2005	2010	2015
	膜式燃气表	膜式燃气表	膜式燃气表 旋进旋涡流量计 涡轮流量计 腰轮流量计	膜式燃气表 旋进旋涡流量计 涡轮流量计 腰轮流量计 超声波流量计	膜式燃气表 涡轮流量计 腰轮流量计 超声波流量计	膜式燃气表 涡轮流量计 腰轮流量计 超声波流量计 超声波燃气表

图 1-3　我国燃气表的发展轨迹

天然气标准体系中计量标准是核心。

天然气的计量方式有：体积计量（计量单位是"立方米"）、质量计量（计量单位是"千克"）和能量计量（计量单位是"焦耳"）。能量计量目前尚未大面积推广，比体积计量更为理想的是质量计量。

燃气体积计量仪表根据测量原理的不同，可基本分为四大类：

1. 利用伯努利方程原理来测量流量，如差压式流量计；

2. 利用固定标准小容器测量流量，如容积式流量计；

3. 利用流体的流速来测量流量，如速度式流量计；

4. 利用其他原理来测量流量，如质量流量计、热式流量计、浮子流量计、靶式流量计、插入式流量计等。

根据各种流量测量原理，产生了很多形式的流量计量仪表。应用在燃气计量中，主要有以下的流量仪表：

一、差压式流量计（标准孔板、标准喷嘴、文丘里管、楔形流量计、均速管、弯管、内锥）

差压式流量计是根据安装于管道中的流量检测件前后两端产生的差压及已知的流体条件和检测件与管道的几何尺寸来推算流量的仪表。差压式流量计由一次装置（检测件）和二次装置（差压转换和流量显示仪表）组成。通常以检测件形式对差压式流量计进行分类，如孔板流量计、文丘里流量计、均速管流量计等。

差压式流量计的检测件按其原理可分为节流式、水力阻力式、离心式、动压头式、动压增益式及射流式几大类。检测件又可按其标准化程度分为两大类：标准型和非标准型。所谓标准检测件，是指只要按照标准文件设计、制造、安装和使用，无需经实流校准即可确定其流量值和估算测量误差的检测件。非标准检测件是成熟程度较差的，尚未列入国际标准中的检测件。

二、容积式流量计（腰轮、旋转活塞、湿式、膜式）

容积式流量计利用机械测量元件把流体连续不断地分割成单个已知的体积部分，根据测量室逐次重复地充满和排放该体积部分流体的次数来测量流体体积总量，是一种总量表。容积式流量计按其测量元件分类，可分为椭圆齿轮流量计、腰轮流量计、螺杆式（双转子）流量计、旋转活塞流量计、湿式流量计、膜式燃气表等。

三、速度式流量计（涡轮、涡街、旋进旋涡、超声）

此类流量计的输出与流速成正比，利用被测流体流过管道时的速度对传感器施加影响，流量计传感器（如叶轮、涡轮、旋涡发生体、超声波换能器）能够感受到流速的变化，通过各种方式来对传感器的信号进行测量，就可以得到流体的流速，进而得到准确的流量信号。采取这种检测原理的流量仪表主要有涡轮流量计、涡街流量计、旋进旋涡流量计、超声波流量计等。

涡轮流量计是速度式流量计的主要种类之一，它采用涡轮感受流体平均流速，从而推导出流量或总量。涡轮的旋转运动可由机械、磁感应、光学或电子方式检出并由读出装置进行显示或记录。一般它由传感器和显示仪两部分组成，也可做成整体式。涡轮流量计与容积式流量计并列为流量计中高准确度的两类流量计，广泛应用于昂贵介质总量或流量的测量。

涡街流量计是根据"卡门涡街"原理研制成的一种流体振荡式流量测量仪表。"卡门涡街"现象是指：在流动的流体中插入迎流面为非流线型柱状物时，流体在柱状物两侧交替地分离释放出两列规则的旋涡。研究表明，旋涡分离频率与介质流速、旋涡发生体的几何形状以及尺寸有着内在的联系。涡街流量计按检出方式可分为应力式、应变式、电容式、热敏式、振动体式、光电式及超声式等。

超声波流量计的基本原理是超声波在流动的流体中传播时，载上流体流速的信息。因此，通过对接收到的超声波进行测量，就可以检测出流体的流速，从而换算成流量。超声波流量计由超声波换能器、信号处理电路、单片机控制系统三部分组成。主要分为时差法、相差法、频差法、多普勒超声波流量计。

四、其他流量计（质量、热式、浮子等）

质量流量计可以分为两大类：直接式质量流量计和间接式质量流量计。

直接式质量流量计检测件的输出信号直接反映流体的质量流量，科里奥利质量流量计就是其中一种，是利用流体在直线运动的同时处于一旋转系中，产生与质量流量成正比的科里奥利力原理制成的直接式质量流量计。

间接式质量流量计的检测件输出信号并不直接反映质量流量的变化，

而是通过检测件与密度计组合或者两种检测件的组合而求得质量流量值。

热式质量流量计是利用流体流动与热源对于流体传热量的关系来测量流量的仪表。目前常用的有两类：一类是热分布式（亦称量热式）流量计，它主要用于小、微流量测量，若做成分流式，亦可在大、中流量中应用；另一类为热消散式（亦称金氏律式）流量计，做成插入式，用于大口径流量测量。

浮子流量计又称转子流量计，是变面积式流量计的一种。在一根由下向上扩大的垂直锥管中，圆形横截面的浮子的重力是由流体动力承受的，从而使浮子可以在锥管内自由地上升和下降。浮子的位置指示着流量的大小。浮子流量计按锥管材料分为玻璃管和金属管两大类，按远传形式分为电远传和气远传两种。浮子流量计在小、微流量方面有举足轻重的作用。

第一节 膜式燃气表

一、膜式燃气表的发展背景

1815 年，英国工程师塞缪尔·克莱格和塞缪尔·科思莱兄弟共同协作研制出来了湿式燃气计量表—水封的旋转鼓轮式煤气表，用于煤气厂输送煤气的计量。1833 年詹姆斯·博格达斯发明了膜式结构的家用干式煤气计量表，现在的膜式燃气表就是在此基础上不断完善和发展起来的，至今已经经过了 200 多年的发展历程。

中国国内生产的燃气表最早是 1954 年，由"上海煤气表具修造工场（后改厂）"引进燃气表技术开始生产煤气表。除此之外，1958 年天津市自动化仪表十厂建厂；1964 年丹东热工仪表有限公司建厂；1966 年重庆前卫仪表公司成立，开始生产煤气表，这是中华人民共和国成立以来，早期开始探索生产燃气表的企业。20 世纪 80 年代以来，随着国内天然气的使用，国内先后有近 30 多家企业生产膜式燃气表，年生产总量约 5000 万台。

早期的膜式燃气表的工作原理为限位式，即燃气表计量室在往复运动一个循环的过程中，到达极限位置时要触碰到限制点后才改变运行方向，以保证燃气表排出的气体的体积为一个固定的回转体积值。计量准确度依赖于零件制造和装配微调，计量准确度不高，分散性较大。

随着膜式燃气表技术的不断发展和进步,目前较先进的膜式燃气表都基本采用非限位式结构设计,这种结构使得计量室在往复运动一个循环的过程中自由切换,降低了压力损失和运行噪声。部分先进的燃气表还融入了误差调节系统装置,减小了不同流量下误差特性曲线的分散性,使膜式燃气表的误差特性曲线更加平滑,扩大了仪表的量程比。

由于气体的体积受温度、压力影响非常大,要保证膜式燃气表计量准确度高,又要适合一年四季不同的温度变化,减少输差,保证贸易结算的公平性,温度转换装置技术正逐渐应用在膜式燃气表的设计中。目前膜式燃气表使用的温度转换装置基本上以机械式为主,它的基本原理是通过特殊金属的热胀冷缩特性来自动调节误差调节系统的指针,以调整燃气表的回转体积,修正气体随温度升降的体积变化量,从而达到体积修正的目的。

随着电子技术、信息技术的发展,膜式燃气表也由最初的纯机械式计量仪表逐渐进行扩展,加装了带辅助功能的电子装置,实现了智能化控制,如预付费装置、远传直读控制装置等,其应用也越来越普及。特别是最近几年,单片集成技术、通信技术、网络技术等向计量产品的渗透,燃气表技术发展正历经深刻的变革,IC 卡燃气表、远传燃气表等智能产品不断推陈出新,个性化产品如单向阻流技术、高温防火技术、低温材料技术以及安全防振、过流切断、实气标定及流量实时监测技术的运用,进一步细分了产品和市场,图 1-4 为国内外生产燃气表的工厂及表具。

图 1-4 国内外生产燃气表的工厂及表具

二、工作原理

膜式燃气表是容积式流量仪表,是城市燃气计量仪表中使用最为普遍的一种仪表，因最早使用羊皮作为隔膜而得名，也是一种传统纯机械式计量仪表。从燃气表进气口形式及安装方式上，膜式表分为单管接头和双管接头。单管接头气表虽然比双管接头气表少一个接头，但单管接头气表将进气、出气两管组合成一体，结构复杂，所用材料并不比双管少，加工也较困难。目前国内基本使用的是双管燃气表，国外尤其是欧洲使用单管的燃气表稍多一些。本文介绍的膜式燃气表均为双管气表。

膜式燃气表计量的源动力是由被测气体进入隔膜的一侧腔内所产生的前后压差，推动隔膜向另一侧移动而产生推动力，当隔膜移到另一侧的极限位置时，力矩不再产生能让隔膜返回的力，必须靠第二个隔膜相继产生同样的力来带动前一个隔膜做返回移动；当改变第一个隔膜的出气口为进气口时，这个隔膜的另一侧又有了气体的推动力而继续做往返运动，并改变第二个隔膜的移动方向。隔膜所牵动的立轴做往复的摆动运动，通过其摆杆、连杆去牵动一个共用的曲柄轴，当曲柄轴接收到的扭矩相差一定的周期时，就能做到连续转动，并带动滑阀来改变出气口的方向和带动计数装置，达到连续计量的目的。

为了实现计量腔连续不间断排出气体，膜式燃气表一般由两个囊室（也称计量室）、两个隔膜、两个滑阀（或转阀）、两套摆杆曲柄机构和与之联动的计数器组成，两个囊室中各有一个定位在中间的可以往复翻转运动的皿形隔膜，将其分割成容积可变的 4 个空腔（图 1-5）。

图 1-5　膜式燃气表的构造

1—隔膜；2—滑阀；3—连杆机构；4—计数器；5—外壳

膜式燃气表利用流过燃气表进出口的气体压力差推动皮膜运动，皮膜每往复运动一次就排出设定体积的气体，循环往复，通过计算排出气体的次数就可以得到流过燃气表的气体体积值，图 1-6 中（a）～（d）分别模拟了膜式燃气表进、排气变换过程的一个周期。

（一）当滑阀 2 运行到中间位置，即在封闭进、排气口状态时，隔膜 2 运动到右侧极限位置，隔膜 1 的左腔进气，右腔排气，滑阀 1 在皮膜运动时立轴和拉杆的牵引下向左移动，如图 1-6（a）所示。

（二）当滑阀 1 左移至封闭状态，隔膜 1 到右侧极限位置，联动的滑阀 2 已离开封闭状态向左运动，隔膜 2 变成右腔进气、左腔排气，如图 1-6（b）所示。

（三）滑阀 1 继续左移，隔膜 1 的右腔变为进气，左腔变为排气，滑阀 2 右移处在封闭状态，隔膜 2 到左侧极限位置，如图 1-6（c）所示。

（四）当滑阀 2 继续右移，隔膜 2 的左腔变为进气、右腔变为排气，滑阀 1 右移至封闭状态，隔膜 1 到左侧极限位置，如图 1-6（d）所示。

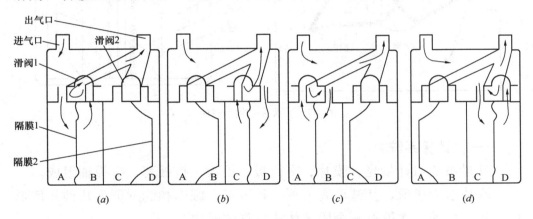

图 1-6 膜式燃气表进、排气变换过程示意图

这种两囊四腔式的隔膜各做一次往复运动，就完成了进、排气的一次全过程，也就是做了一个回转的动作，所排出的气体体积就是一个回转体积量。在一个运动周期中，每个计量室连续充气两次、排气两次，每次有两个计量室同时充气，必然有另两个计量室同时排气，两个充气和排气过程的相位差均为 90°，同时相邻两气室的进气和出气总是相反的。在周期变化的任一时刻，每一瞬间的进气截面积总是与出气截面积相等，进气的流量总是等于排气的流量，整个计量过程具有均匀性，不存在脉动流现象，在周期变化的同一时刻，进气流量的总和等于排气流量的总和，计量过程具有一定的稳定性。

三、结构形式

膜式燃气表主要由外壳、膜式计量室、滑阀、连杆机构、放置逆转装置、传动机构和计数器等部件组成。这些部件主要构成了计量系统、气路及气流分配系统、运动传送系统、技术系统4大部分（图1-7）。

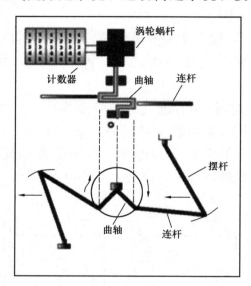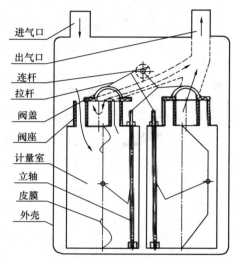

图1-7　膜式表结构示意图

（一）计量系统

计量系统由计量壳、膜片、平行板、折板、折板套、折板轴组成。

膜片多为皿形，其外形有方形、长方形、圆形和椭圆形等几种几何形状，膜片摆动一次就有一个固定体积的气体输出。

（二）气路及气流分配系统

气路及气流分配系统由接头、外壳、表内气管、阀座、阀盖等组成，保证气体在气表内按一定顺序流动。

阀盖在分配室阀栅上滑动，周期性改变气流途径，使气体循环地充满或排出左右四个腔室，达到对气体体积的计量。

（三）运动传送系统

运动传送系统由立轴、摇臂、连杆和曲柄组构成，能够将气体对膜片的压力转换成摇臂的摆动，带动拨片拨动计数器转动，以实现计量气体累计体积的目的，同时带动阀盖按规律运动，保证运动的延续。有的气表还有对计量误差曲线的形状进行调节的机构。

（四）计数系统

计数系统由传动轮和计数器组成。

传动轮可选配不同齿数的联结轮和交换轮，能改变燃气表基本误差曲线的位置，对燃气表的计量准确度进行调整。计量器组有多位字轮，包括整数位和小数位，可以记录和显示流过燃气表的气体累计体积量。

四、计量特性

膜式燃气表常见计量特性及连接尺寸如表 1-1 所示。

膜式燃气表常见计量特性及连接尺寸　　　　　　　　　　　　表 1-1

规格	公称流量（m³/h）	流量范围（m³/h）	回转体积（L）	压力损失（Pa）	接头形式	接头间距（mm）	压力范围（kPa）	基本误差（%）	工作环境（℃）
1.6	1.6	0.016～2.5	1.2	≤200	螺纹 M30×2	110/130	0.5～50	$0.1q_{max}$～q_{max}±1.5；q_{min}～$0.1q_{max}$±3.0	−20～40
2.5	2.5	0.025～4.0	1.2			130			
4.0	4.0	0.040～6.0	1.2			130			
6.0	6.0	0.060～10	3.5		螺纹 M42×2	250			
10	10	0.10～16	3.5/6	≤300	螺纹 M64×2	280			
16	16	0.16～25	6						
25	25	0.25～40	12		螺纹 M80×2	320			
40	40	0.40～65	18						
65	65	0.65～100	24	≤400	螺纹 M120×2/法兰 DN100	380			
100	100	1～160	120						

膜式燃气表两个隔膜全部做完一次往复运动时，它联动的曲柄旋转一周，这时所排出的气体称为一个回转体积 V_0，燃气表每小时能排出的气体体积量 q_v 和曲柄转数 n 成正比，即：

$$q_v = nV_0 \qquad\qquad (1-1)$$

式中　　q_v——气体体积量，m^3；

　　　　n——曲柄转数；

　　　　V_0——回转体积，m^3。

回转体积 V_0 是通过隔膜的几何形状计算得出，其体积累计值和实际累计值不完全一致，即便是相同的温度、压力、流体，都可能出现不同的结果，主要是因为燃气表中的计量零部件制造和工艺不一致，运转中的阻力变化及检测中产生的偏差等，造成燃气表指示值和实际通过的气体流量值有偏离，形成燃气表误差，这个误差可通过调整计数器齿轮齿数比，进行适当改变，图 1-8 为膜式燃气表误差特性曲线。

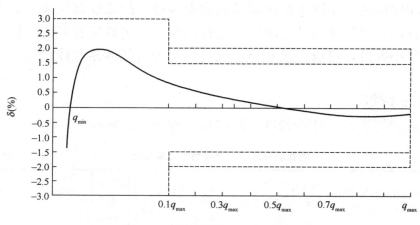

图 1-8　膜式燃气表误差特性曲线

五、膜式燃气表的优缺点

（一）膜式燃气表优点

1. 流量范围很宽（可达 160∶1），始动流量小；
2. 压力损失小，家用膜式燃气表总压力损失不大于 200Pa；
3. 准确度适中（A 级：±1.5％,）；
4. 可靠性高，价格低，使用寿命长，在城市燃气中使用极为普遍。

（二）膜式燃气表缺点

1. 一般不能实现温度、压力修正；
2. 只能测量低压气体的中小流量，较大流量的燃气表体积庞大，不便于拆装、维修及周期检定。

六、选型维护

（一）家用膜式燃气表

家用膜式燃气表主要在居民用户家中使用，居民用户的用气特点是：一般用户的用气量较低，如果仅使用一台双眼灶和一台热水器，用气量一般不超过 2m³/h，但随着人民生活水平的不断提高，一些用户使用的燃气设备逐渐增多，如燃气灶、烤箱灶、热水器、壁挂炉等，用气量会超过 4m³/h。因此，家用膜式燃气表的选用原则是保证安全用气、准确计量；燃气表公称流量应略高于燃气设备的额定耗气量，最小流量和最大流量应能覆盖燃气设备的流量变化范围，确保计量准确；燃气表的压力范围应略高于管道燃气的压力。

家用膜式燃气表的安装方式有户内安装和户外安装两种。膜式燃气表应当安装在遮风、避雨、防暴晒、通风良好、振动少、无强磁干扰、温度变化不剧烈、便于抄表和检修的地方。北方地区安装在户外的膜式燃气表应考虑温度的影响，可选用温度补偿型膜式燃气表。

（二）商用膜式燃气表

一般把非居民用户使用的燃气表称为商用膜式燃气表，规格是指在 G6（含 G6）以上的燃气表。设计商业用户燃气表型号、规格的原则基本与居民用户相同，另外要考虑工作压力、量程范围和环境温度等条件。要注意商业用户中餐饮类的用户，他们所用灶具的热负荷大小不等，差距较大，选择表型时应考虑总量和最小单台流量。燃气表的额定流量应与燃气用具实际流量相匹配，不允许为扩大流量范围而并联使用燃气计量仪表。燃气表应当尽量远离温度较高的设备和电气设备，与灶具边、开水炉、热水器、低压电器设备和金属烟道水平的最近距离应不小于 0.3m，与砖砌烟道的水平净距离应不小于 0.1m。

第二节 腰轮流量计

气体腰轮流量计又称罗茨流量计，是燃气行业应用较为广泛的一种容积式流量计。它具有计量准确度高、量程大、通过修正仪可以对燃气体积进行温度、压力补偿进行修正等优点，同时也存在体积大、结构复杂、日常维护量大等缺点。腰轮流量计一般适用于洁净单向流体的中小口径场合（图 1-9）。

图 1-9　气体腰轮流量计

一、工作原理

腰轮流量计是通过腰轮和壳体包围成一个具有一定容积的计量室，当流体通过时，流量计的进口和出口之间存在一个压力差，在这个压力差的作用下，使流量计内的运动部件不断运动，将流体依次充满和排出计量室。根据预先计算出的计量室体积，测量出运动部件的运动次数，从而可求出流过计量室的流体体积。另外，根据每单位时间内测得的运动部件的运动次数，可以得出流体的瞬时流量。

如图 1-10，腰轮流量计的转动部分由上下两个腰轮组成。当上边腰轮或下边腰轮运行到水平位置时，腰轮与壳体之间共同形成一个容积固定的上、下部计量室，如图 1-10 (b)、(d)，在一个运行周期内，上、下部计量室各排出一次流体。他有两个腰轮状的共轭转子，分别固定在各自的转轴上，有一个腰轮转动，另一个腰轮通过齿轮啮合同步反向转动，相互间始终保持运行，既不能相互卡住，又不能有大的泄漏间隙。

(a)　　　　　　(b)　　　　　　(c)　　　　　　(d)

图 1-10　腰轮流量计工作原理示意图

当有流体通过流量计时，在进出口流体压差的作用下，两腰轮将按如图 1-10 (a) 所示方向旋转。上边的转子顺时针转动，下边的转子逆时针转动。当下边的腰轮转到水平位置时，在它下边存有一定体积量的流体，上边转子处于垂直位置，此时上边转子受力平衡，下边转子因压力差而继续逆时针转动，通过同步齿轮带动上边转子转动，如图 1-10 (b) 所示。

连续转动时，下边计量室包围的定量流体从出口排出，如图 1-10 (c)。

继续转动时，下边转子运行到垂直位置，上边转子为水平位置，上边的腰轮又将进来的流体存入上部计量室中，如图 1-10 (d)，并准备将流体排出。

当两个腰轮各完成一周的转动时，所排出的流体为一回转体积 V_0，在腰轮转动轴上带动一副蜗轮副和一套变速齿轮组合传送到计数装置进行累计流量计量。

回转体积量为 V_0，腰轮转数为 n，则在 n 次动作的时间内流过流量计的流体体积 V 为：

$$V = nV_0 \tag{1-2}$$

式中　V——流体体积，m^3；

　　　　n——腰轮转数；

　　　　V_0——回转体积量，m^3。

二、结构形式

智能型腰轮流量计由流量测量单元和流量积算显示单元两大部分组成，可选配温度、压力传感器，实现温度压力补偿功能（图 1-11）。

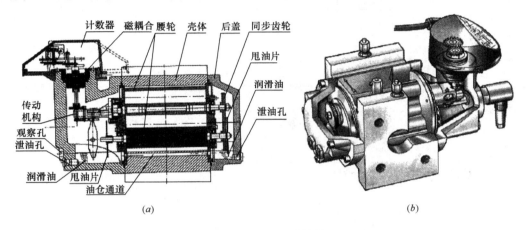

图 1-11　腰轮流量计结构图

（a）平面结构示意图；（b）立体解剖示意图

（一）流量测量单元

流量测量单元主要包括计量室、润滑系统和传动机构。

计量室：由一对腰轮和壳体构成，两腰轮是互为共轭曲线的转子。计量室壳体一般由铝合金或不锈钢制成，腰轮与壳体、腰轮与腰轮、腰轮与隔板等的间隔非常小，一般在 $80 \sim 150\mu m$。

润滑系统：包括储油腔、加油孔、泄油孔、观察窗、油道、甩油片等。

传动机构：包括磁性联轴器、同步齿轮、减速变速机构。

（二）流量积算显示单元

流量积算显示单元包括机械计数器、积算仪和高低频脉冲发生器。

机械计数器：早期传统的腰轮流量计为纯机械式仪表，包括磁耦合和

15

计数器等。

高低频脉冲发生器：把高频脉冲信号（如转数）或低频体积（通常为 $1m^3$）信号发送到远距离采集使用。

三、计量特性

普通腰轮流量计常见计量特性如表 1-2 所示。

腰轮流量计常见计量特性　　　　　　　表 1-2

公称通径 （mm）	规格	范围度	流量范围 （m³/h）	始动流量 （m³/h）	压力损失 （kPa）	每转体积 （×10⁻⁴ m³）	脉冲当量 （m³）
50	G16	50：1	0.50～25	0.08	0.07	2.1	0.1
	G25	73：1	0.55～40	0.06	0.12	2.83	
	G40	144：1	0.50～65	0.06	0.13	5.66	
	G65	163：1	0.61～100	0.06	0.16	7.08	
80	G100	243：1	0.66～160	0.04	0.19	1.05	1.0
	G160	145：1	1.73～250	0.15	0.28	2.78	
100	G160	145：1	1.73～250	0.15	0.28	2.78	
	G250	198：1	2.02～400	0.10	0.39	4.20	
	G400	60：1	10.83～650	0.70	0.31	1.05	
150	G400	60：1	10.83～650	0.70	0.31	1.05	
	G650	104：1	9.62～1000	0.80	0.47	1.57	
200	G1000	110：1	14.55～1000	1.20	0.55	1.97	10

若计量室固定体积为 V_0，在一定时间内，腰轮转动的次数为 n，则这段时间内流过的体积量为 $V = nV_0$，在这段时间内流量计通过机械传递、磁耦合装置将体积流量 V 传递到计数显示装置显示，通过流量计的流体体积为 $V_显 = An$，其中 A 是机械传动比和计数器单位量值有关的流量计齿轮比常数。

对于已经制造完成的流量计，V_0 和 A 都是常量，理论上误差特性曲线是一条平行于 x 轴的直线，如图 1-12 中的直线 1。因转子与壳体之间存在一定的缝隙，一部分流体没有经过计量室计量而直接从间隙流过，没有在流量计显示值上反映出来，导致实际上误差特性曲线是曲线 3，通过机械技术齿轮比的调整，误差曲线可以调整平移到曲线 2 的位置。

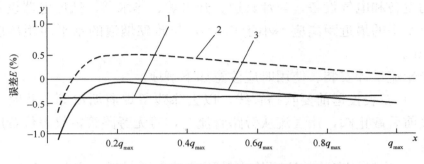

图 1-12　腰轮流量计流量误差特性曲线

四、腰轮流量计优缺点

（一）腰轮流量计优点

1. 流量范围较宽（20∶1～100∶1），始动流量小；
2. 准确度高，仪表重复性好；
3. 流量计前后不需要直管段，占用空间较小；
4. 工作压力宽，可进行温度、压力自动补偿。

（二）腰轮流量计缺点

1. 对介质脏污较敏感，流量计前需安装过滤器，仪表一旦卡死就无法通过流体；
2. 流量计工作时有振动与噪声；
3. 压损较大。

五、选型维护

　　腰轮流量计有很高的准确度、重复性和稳定性，但是如果选型不当或安装使用不当，反而更容易损坏，造成计量失准或仪表故障。

　　选用腰轮流量计时，应依据用户的实际用气量选择规格相匹配的仪表，使用户的常用用气量处于仪表上限流量的 60%～80%。腰轮流量计宜垂直安装，气体流动方向为上进下出。由于腰轮流量计对流体质量要求很高，安装时流量计前端必须安装合适的过滤器。仪表在压力波动较大，有过载冲击或脉动流时，仪表前应设置缓冲罐、膨胀室或安全阀等保护设备。

　　腰轮流量计应当安装在遮风、避雨、防暴晒、通风良好、振动少、无强磁干扰、温度变化不剧烈、便于抄表和检修的地方。应当尽量远离温度较高的设备和电气设备，与灶具边、开水炉、热水器、低压电器设备和金属烟道水平的最近距离应不小于0.3m，与砖砌烟道的水平净距离应不小于0.1m。

腰轮流量计安装、使用时应注意如下事项：

（一）新表投运前要吹扫管线，以去除残留焊屑垢皮等。此时应先关闭仪表前后截止阀，让气流从旁路管流过，若无旁路管，仪表位置应装短管代替。

（二）流量计安装前注意检查转子转动是否灵活，安装运行后要及时检查过滤器网是否完好。在安装后的运行管理中，要根据过滤器前后压差判断是否要清洗。

（三）流量计安装后，运行前及时对前后油腔加注润滑油，加油时注意观察油标视镜，油位在中线上1.5mm处。拆卸流量计前，应先打开放油孔，把油腔中润滑油全部放尽，不可带油拆卸运输，否则油会进入计量室内，影响仪表计量性能。

（四）使用腰轮流量计时，应注意不能有急剧的流量变化，因腰轮有惯性作用，急剧流量变化将产生较大附加惯性力，致使转子损坏。

第三节　涡轮流量计

涡轮流量计是一种最常见的速度式流量计，是目前流量仪表中成熟的、高准确度的计量仪表。它具有压力损失小、准确度高、反应快、流量量程比宽、抗振与抗脉动流性能好等特点，广泛应用于工业锅炉、燃气调压站、输配气管网、城市天然气门站等领域的贸易计量（图1-13）。

图1-13　气体涡轮流量计

一、工作原理

涡轮流量计利用涡轮的旋转角速度与流体速度成正比的性质测量平均流速，从而得到瞬时流量和累计流量。

当流体进入流量计时，先经过机芯前的导流体并加速，由于涡轮的叶片与流动方向有一定的夹角，在流体的作用下，涡轮产生转动力矩，并克服流体阻力矩和摩擦力矩之后叶片开始转动，力矩平衡后转速稳定，在一定的条件下，转速与流速成正比。

由于叶片有导磁性，它处于信号检测器（由永久磁钢和线圈组成）的磁场中，旋转的叶片切割磁力线，周期性地改变着线圈的磁通量，从而使线圈两端感应出电脉冲信号，此信号经过放大器的放大整形，形成有一定幅度的连续的矩形脉冲波，可远传至显示仪表，显示出流体的瞬时流量和累计量。脉冲信号的频率 f 与体积流量 q_v 成正比，即：

$$q_v = \frac{f}{K} \tag{1-3}$$

式中　f ——脉冲频率，Hz；

　　　K ——仪表系数，常数。

部分流量计采用多段仪表系数，通过非线性修正，仪表的准确度会提高。

对于机械计数器式的涡轮流量计，通过传动机构（磁耦合）带动计数器计数；对电子式流量积算仪的流量计，对流量传感器发出的脉冲信号进行积算和处理，最终输出显示流体的瞬时流量和累积流量，脉冲信号的频率与体积流量成正比。

二、结构形式

涡轮流量传感器一般由壳体、导流件、涡轮、轴、轴承、加油润滑系统、传动机构、温度、压力及流量信号传感器、高低频脉冲发生器等组成。不同厂家的产品结构大同小异，但其主要部件是基本一致的（图1-14）。

（一）壳体：壳体是传感器的主体部件，它起到承受被测流体的压力，固定安装检测部件，连接管道的作用。一般采用不导磁铸钢、不锈钢或硬铝合金制造。

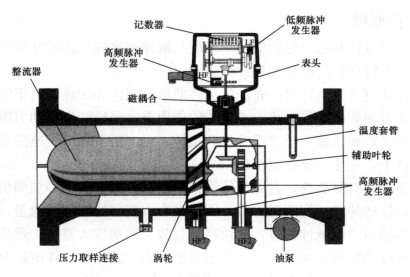

图 1-14　涡轮流量计结构图

（二）导流件：在传感器进出口安装，它对流体起导向整流以及支承叶轮的作用，通常选用不导磁不锈钢或硬铝材料制成。

（三）涡轮：也称叶轮，是传感器的检测元件，它由高导磁性材料制成。叶轮有直板叶片、螺旋叶片和丁字形叶片等几种，叶片数视口径大小和测量介质而定，涡轮由支架中轴承支撑。

（四）轴与轴承：支撑叶轮旋转，需有足够的刚度、强度和硬度、耐磨性、耐腐蚀性等，它决定着传感器的可靠性和使用期限。传感器失效通常是由轴与轴承引起的，因此它的结构与材料的选用及维护很重要。

（五）加油润滑系统：由油杯组件、止回阀（单向阀）、油管、接头、密封圈、储油管等组成。对于多数轴承需要强制加油润滑，以防止轴承磨损，同时采用内藏式储油管，可有效避免因一次加油过量影响仪表精度及污染机芯，也可有效避免使用过程中因失油造成轴承损伤。

（六）传动机构：由蜗杆、连杆、磁耦合和齿轮组等组成，将涡轮的转动按一定的数比传动给机械计数器。

三、计量特性

涡轮流量计常见计量特性如表 1-3。涡轮流量计流量误差特性曲线见图 1-15。

涡轮流量计常见计量特性   表 1-3

公称直径 （mm）	规格	流量范围 （m³/h）	始动流量 （m³/h）	压力损失 （kPa）	仪表系数 （l/m³）	脉冲当量 （m³）
50	A	6～65	0.8	1.60	13800	0.1
	B	10～100	0.8	1.30	9370	
80	A	8～160	1.6	0.70	6250	1.0
	B	13～250	2.3	0.90	4500	
	C	20～400	2.3	1.50		
100	A	13～250	2.6	0.45	2900	
	B	20～400	3.5	0.80	2300	
	C	32～650	3.5	1.80		
150	A	32～650	7.0	0.40	1850	
	B	50～1000	9.0	0.60	1260	
	C	80～1600	9.0	1.50		
200	A	50～1000	9.0	0.20	780	
	B	80～1600	15	0.40	560	
	C	130～2500	15	0.70		
250	A	80～1600	16	0.20	300	10
	B	130～2500	16	0.40		
	C	200～4000	16	0.90		
300	A	130～2500	26	0.20	180	
	B	200～4000	26	0.45		
	C	320～6500	26	1.10		

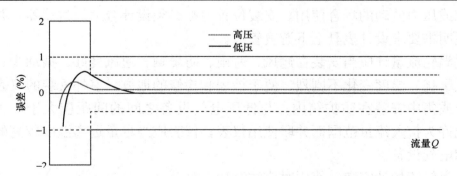

图 1-15　涡轮流量计流量误差特性曲线

四、涡轮流量计优缺点

（一）涡轮流量计优点

1. 准确度高，仪表重复性好；
2. 适用范围广，可用于高、中、低压条件下；
3. 压力损失小，大流量下一般不超过 2000Pa；
4. 抗振与抗脉动流性能好。

（二）涡轮流量计缺点

1. 可靠性受轴承磨损的制约。由于叶轮高速旋转，与介质接触的轴与轴承间磨损会引起仪表系数的变化，轴承的质量直接影响仪表的使用寿命；

2. 对流体的洁净度要求较高，必须加装过滤器，这将增大维护工作量和流体的压力损失；

3. 对流体来流速度分布和旋转流敏感，必须有较长的前后直管段或安装整流器，以消除或减小旋转流及速度分布畸变影响。

五、选型安装

在涡轮流量计选型时，应依据用户的常用用气量选择相匹配的流量仪表，使用户的实际用气量处于流量仪表上限流量的 60%～80%，流量范围在 160m³/h 以上的场合宜选用智能型气体涡轮流量计。

涡轮流量计在压力波动较大，有过载冲击或脉动流时，前端应设置缓冲罐、膨胀室或安全阀等保护设备。涡轮流量计应水平安装，周围不得有强外磁场干扰和强烈的机械振动，流量计不宜在流量变化频繁和有强烈脉动流或压力波动的场合使用。安装位置前端必须设计合适的过滤器，并按照说明书要求设计表具上下游直管段。

涡轮流量计应当安装在遮风、避雨、防暴晒、通风良好、振动少、无强磁干扰、温度变化不剧烈、便于抄表和检修的地方。室外安装的仪表应单独或集中安装在防护箱内；与低压电气设备之间的间距应大于 0.1m；不允许为扩大流量范围而并联使用仪表；仪表应当尽量远离温度较高的设备和电气设备。

涡轮流量计安装、使用时应注意如下事项：

（一）流量计安装前注意检查转子转动是否灵活，安装运行后要及时检查过滤器网是否完好。在以后的运行管理中，根据过滤器前后压差判断是否要清洗。

（二）对需要加油的流量计，在安装后运行前要及时加注润滑油，并在运行后按要求定时加油，以保证轴承的充分润滑，提高运行可靠性和使用寿命。

（三）不能轻易打开流量计表头前、后盖，不能轻易变更流量计中的接线与参数。

（四）要防止长时间超流量运行，超流量运行会严重影响使用寿命。

（五）对于电子显示的流量计，要注意电池是否欠压，并及时更换。

（六）涡轮流量计长期使用后，因轴承的磨损等原因，仪表系数 K 值会发生变化，因此要注意周期调校检定，若超差无法通过调校达到准确度，应更换涡轮机芯或流量传感器。

第四节　超声波流量计

超声波流量计是利用超声波在流体中传播时会受到流体运动的影响而研制的一种流量计，近几年发展非常迅速，具有许多流量计不具备的优点，如准确度高，流量范围宽，口径大，仪表无压力损失等，在计量精度、智能化支撑和安全性能方面均有较为突出的优势，同时在较大口径领域具有较高的性价比（图 1-16）。

图 1-16　气体超声波流量计

一、工作原理

超声波流量计利用声波在流体中传播时因流体流动方向不同而传播速度不同的特点，测量它的顺流传播时间 t_1 和逆流传播时间 t_2 的差值，从而计算流体流动的速度和流量。

根据测量原理划分：主要有传播时差法、多普勒法、波束偏移法、互相关法、空间滤法和噪声法。

当超声波穿过流动的流体时，在同一传播距离内，其沿顺流方向和沿逆流方向的传播速度则不同。在较宽的流量范围内，该时差与被测流体在管道中的体积流量（平均流速）成正比（图1-17、图1-18）。声波在流体中传播将受到流体流动的影响，顺流方向声波传播速度会增大，逆流方向则减小，对同一传播距离就有不同的传播时间。

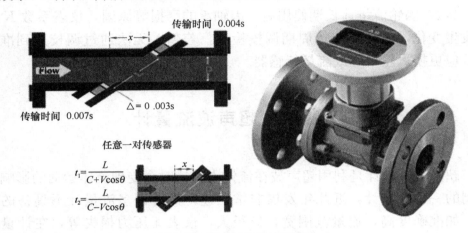

图 1-17　超声波流量计原理图

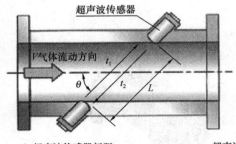

在测量管内安装一组超声波传感器，同时测量彼此间的声波到达时间。

比如沿顺风方向投球时会比顶风方向投的球先到达对方处。

同样，沿气体流动方向发出的声波会比反方向发出的声波先到达对方超声波传感器处，将这个时间差值换算成流量。

L: 超声波传感器间距；	t_1: 超声波传播时间（顺方向）；	K: 修正系数。
C: 声速；	t_2: 超声波传播时间（逆方向）；	
V: 平均流速；	Q: 流量；	基于流体力学值
θ: 超声波传播轴与测定管中心轴角度；	A: 横截面积；	横断面积平均/线性平均

图 1-18　超声波流量计的工作原理

（一）时差法

时差法是测出超声波在这两个方向上传播的时间差，便可知流体的流速，再乘以管道截面积便可得流体的流量。

（二）相位差法

测量顺逆传播时，由于时差引起的相位差计算速度。它的发送器沿垂直于管道的轴线发送一束声波，由于流体流动的作用，声波束向下游偏移一段距离，偏移距离与流速成正比。

（三）频差法

当超声波在不均匀流体中传送时，声波会产生散射。流体与发送器间有相对运动时，发送的声波信号和被流体散射后接收到的信号之间会产生多普勒频移。多普勒频移与流体流速成正比。

二、结构形式

超声波流量计主要由超声换能器和转换器两部分构成。

（一）换能器：也称为超声波探头，利用磁滞伸缩效应或压电效应，通过换能器将高频电能转换为机械振动。既可以发射超声波，也可以接收超声波。发射换能器是利用压电元件的逆压电效应，而接收换能器是利用压电效应。压电材料一般为锆钛酸铅。

换能器的安装固定方式一般分为便携式和固定式，便携式换能器可以随意移动，夹装在管道外表面，不与流体接触，一般为单声道。固定式换能器固定在管壁上，与流体接触，声道可以是单声道，也可以是双声道或多声道，又可分为标准管段型和插入型等形式。

（二）转换器：也叫控制器或变送器，通常由中央处理器（CPU）、控制单元、发射单元、接收单元和显示单元几部分组成。一般的超声波流量计，都可以显示瞬时流量、累积流量、流动方向以及其他温度压力等参数。

三、计量性能

超声流量计按测量原理可分为：时差法超声流量计、频差法超声流量计、相差法超声流量计、多普勒超声流量计，常用的是时差法超声流量计和多普勒超声流量计。

影响超声波流量计准确计量的主要因素有：

（一）气体速度分布：仪表上游的阻流件（弯头、变径、阀门等）、上下游直管段内径错位和粗糙度会改变流体的速度分布，进而影响超声波流量计的计量；

（二）物性参数：CO_2的含量不能超过 10％，同时组分的改变会影响到仪表的计量；

（三）气质：气体中含有 H_2S、CO_2 等腐蚀性介质或含水、油及污物，会对换能器造成影响；

（四）上下游直管段：声道数与上下游直管段长度相匹配，否则在不满足时会对准确计量造成影响；

（五）噪声：各种声学噪声和电气噪声会淹没超声波流量计的正常声波，进而影响准确计量。

超声波流量计技术参数见表 1-4。典型超声波流量计误差曲线图见图 1-19。

超声波流量计技术参数   表 1-4

公称直径 DN（mm）	流量范围（m³/h）	压力等级（MPa）	准确度等级	Q_{max}时压力损失（kPa）	壳体材料
25	1~40			2.80	
32	1~65			2.00	
40	2~100			2.00	
50	3~160			2.00	
80	6~400	1.6	1.0 级 最大允许误差：±1.0%（$0.1q_{max} \leqslant q \leqslant q_{max}$）；±2.0%（$q_{min} \leqslant q < 0.1q_{max}$）；	2.00	铝合金不锈钢等
100	10~650			2.00	
150	22~1400			2.00	
200	32~2000			2.00	
250	48~5400			2.00	
300	73~7800			2.00	

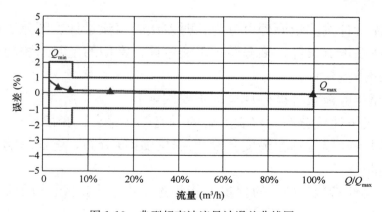

图 1-19　典型超声波流量计误差曲线图

四、超声波流量计优缺点

（一）超声波流量计优点

1. 计量准确度高（0.3%～0.5%），重复性好；

2. 宽量程计量，满足不同流量大小下的精确计量要求；

3. 内置高精度温度、压力传感器，实时温度压力补偿，实现标况计量；

4. 智能化程度高，支持自动抄表、异常上报、远程阀控及调价功能，支持多种结算方式；

5. 可测量双向流，可精确测定脉动流；

6. 无压损，对压力的很大变化不敏感；

7. 对沉淀物不敏感，无可动部件，免维护；

8. 不存在磨损，无示值漂移现象；

9. 设备故障自动告警；

10. 体积小巧、便于安装；

11. 性价比高。

（二）超声波流量计缺点

1. 超声波流量计安装在一些阀门附近（尤其是阀门下游）时，若气流速度很高，阀门两端有较大的压降，一些阀门会产生大量的超声噪声，超声信号可能被超声噪声所淹没而无法分辨，影响超声波流量计的正常工作；

2. 气体中的某种成分对超声流量计或超声探头有腐蚀伤害作用，如果它的浓度过高，则超声波流量计不适用；例如 CO_2 会使超声波衰减，因此不适用于 CO_2 浓度过高（超过 20%）的气体混合物；

3. 超声波流量计不适合多相流的流量测量；

4. 不适合使用在高温（100℃以上）、大口径管道中极低压气体（≤0.1MPa)和流速也极低（≤0.5mm/s）的条件下。

五、选型安装

由于进口超声波流量计价格昂贵，以往在一般的工商业用户中很难推广使用，只能在城市燃气门站中选用，随着国产超声波流量计的逐步推出，价格已经有了较大的下降空间，开始逐渐在工商业用户中使用。选型时可以根据实际情况，考虑合适的声道数和准确度等级。

超声波流量计安装时应满足：

（一）温度：安装流量计的外界环境温度应符合仪表使用要求，同时应根据安装点具体的环境及工作条件，对流量计采取必要的隔热、防冻及其他保护措施（如遮雨、防晒等）。

（二）振动：流量计的安装应尽可能避开振动环境，特别要避开可引起信号处理单元、超声换能器等部件发生共振的环境。

（三）电磁干扰：在安装流量计及其相关的连接导线时，应避开可能存在较强电磁或电子干扰的环境，否则应咨询制造厂并采取必要的防护措施。

（四）管道安装：紧邻流量计的上、下游须安装一定长度的直管段，在该直管段上除取压孔、温度计插孔和密度计（或在线分析仪）插孔外应无其他障碍或连接支管。上、下游直管段的最短长度可按标准要求配置。

（五）突入物：流量计的内径、连接法兰及其紧邻的上、下游直管段应具有相同的内径，其偏差应在管径的±1%以内；流量计及其紧邻的直管段在组装时应严格对中，并保证其内部流通通道的光滑、平直，不得在连接部分出现台阶及突入的垫片等扰动气流的障碍。

（六）内表面：与流量计匹配的直管段，其内壁应无锈蚀及其他机械损伤。在组装之前，应除去流量计及其连接管内的防锈油或沙石灰尘等附属物。使用中也应随时保持介质流通通道的干净、光滑。

（七）声学噪声干扰：来自被测介质内部的噪声可能会对流量计的准确测量带来不利影响，在设计及安装过程中应让流量计尽可能远离噪声源或采取措施消除噪声干扰。

（八）流量计安装：流量计应水平安装，其他安装方式须咨询制造厂。在设计和安装时，应留有足够的检修空间。

第五节　孔板流量计

孔板流量计是一种采用差压原理来进行测量的流量计，又称为差压式流量计。它是由一次检测件（节流件）和二次装置（差压变送器和流量显示仪）组成，广泛应用于气体、蒸汽和液体的流量测量，具有结构简单、维修方便，性能稳定，使用可靠等特点（图1-20）。

图 1-20 孔板流量计

一、工作原理

充满管道的单相流体，当它流经管道内的节流件时，流束将在节流件处形成局部收缩，因而流速增加，静压力降低，于是在节流件前后便产生了静压差。流体流量愈大，产生的压差愈大，这样可依据测量压差来间接地衡量流量的大小。这种测量方法是以流动连续性方程（质量守恒定律）和伯努利方程（能量守恒定律）为基础的。压差的大小不仅与流量还与其他许多因素有关，例如当节流装置形式或管道内流体的物理性质（密度、黏度）不同时，在同样大小的流量下产生的压差也是不同的。

在已知有关参数的条件下，根据流动连续性原理和伯努利方程可以推导出差压与流量之间的关系而求得流量。其基本公式如下：

$$q_\mathrm{m} = \frac{C}{1-\beta_4}\varepsilon\,\frac{\pi}{4}d^2\sqrt{2\Delta Px\rho} \tag{1-4}$$

$$q_\mathrm{v} = \frac{q_\mathrm{m}}{\rho} \tag{1-5}$$

上两式中　　q_m——质量流量，kg/s；

　　　　　　C——流出系数，无量纲；

　　　　　　$\beta_4 = d/D$，一直径比，无量纲；

　　　　　　d——工作条件下节流件的节流孔或喉部直径，mm；

　　　　　　D——工作条件下上游管道内径，mm；

ε——可膨胀系数。无量纲；

q_v——质量流量，m^3/s；

ΔP——孔板前后的基压值，Pa；

ρ——流体的密度，kg/m^3。

二、结构形式

孔板流量计一般由以下几部分组成：

（一）标准节流件：即标准孔板、标准喷嘴、长径喷嘴、1/4 圆孔板、双重孔板、偏心孔板、圆缺孔板、锥形入口孔板等；

（二）取压装置：即环室、取压法兰、夹持环、导压管等；

（三）连接法兰（国家标准）、紧固件、测量管、差压变送器等。

三、计量性能

孔板流量计的技术参数见表 1-5。

孔板流量计的技术参数　　　　　　　　表 1-5

节流件名称		适用管道 DN（mm）	适用直径比 B（d/D）	应用特点	流出系数不确定度 E_c（%）	设计标准
角接取压标准孔板	环室式	50～500	0.2～0.75	适用于清洁介质。其中 GD 结构适合高温高压条件下流量的测量	0.6%～0.75%	ISO 5167
		50～500	0.2～0.75			GB/T 2624.2 GB/T 2624.3 GB/T 2624.4
	夹紧环式	50～500	0.2～0.75	易于清除污物，可用于不太清洁流体流量的测量		
	斜钻孔式	450～1000（3000）	0.2～0.75			
法兰取压标准孔板		50～1000	0.2～0.75	易于清除污物，适用于各种介质	0.6%～0.75%	ISO 5167
径距取压标准孔板		50～1000	0.2～0.75			GB/T 2624.2 GB/T 2624.3 GB/T 2624.4
角接取压标准喷嘴		50～500	0.3～0.8	压损小，寿命长，尤其适用于蒸汽流量测量	0.8%～1.2%	ISO 5167
（ISA1932 喷嘴）						GB/T 2624.2 GB/T 2624.3 GB/T 2624.4
长径喷嘴		50～630	0.2～0.8	压损小寿命长，LGP 型长径喷嘴组件适合高参数水和蒸汽流量测量	2.00%	ISO 5167 GB/T 2624.2 GB/T 2624.3 GB/T 2624.4

续表

节流件名称		适用管道 DN（mm）	适用直径比 B（d/D）	应用特点	流出系数不确定度 E_c（%）	设计标准
经典文丘里管	机械加工式	100～800	0.2～0.8	压力损失小，所需直管段小于孔板、喷嘴	1.00%	ISO 5167
	粗焊铁板式	200～1200（2000）	0.4～0.7		1.50%	GB/T 2624.2 GB/T 2624.3 GB/T 2624.4
文丘里喷嘴		65～500	0.316～0.77	压力损失小，所需直管段小于孔板、喷嘴	1.2%～1.75%	ISO 5167 GB/T 2624.2 GB/T 2624.3 GB/T 2624.4
1/4 圆孔板		25～150	0.245～0.6	适用于低雷诺数	2.0%～2.5%	DIN BS
锥形入口孔板		25～250	0.1～0.316	适用于低雷诺数	2.00%	BS
圆缺孔板		50～1500	0.32～0.8	适用于脏污、有气泡析出或含有固体微粒的流体测量	1.50%	DIN
偏心孔板		100～1000	0.46～0.84		1%～2%	ASME
小孔板		12.5～40	0.2～0.75	适用于小管道流量测量	0.75%	ASME
透镜式孔板		12.5～150	0.2～0.75	适用于高压常温小管道流量测量	0.6%～0.75%	ISO 5167 ASME
端头孔板		大于等于 15	0.2～0.62		1.5%～2.0%	
双重孔板		25～400	0.2～0.8	适用于大流量测量		

四、孔板流量计优缺点

（一）孔板流量计优点

1. 标准节流件得到了国际标准组织的认可，无需实流校准，即可投用，在流量传感器中也是唯一的；

2. 结构易于复制，简单、牢固、性能稳定可靠、价格低廉；

3. 应用范围广，包括全部单相流体（液、气、蒸汽）、部分混相流，一般生产过程的管径、工作状态（温度、压力）皆可以测量；

4. 检测件和差压显示仪表可分开不同厂家生产，便于专业化规模生产。

（二）孔板流量计缺点

1. 测量的重复性、准确度在流量传感器中属于中等水平，由于受众多因素的影响错综复杂，准确度难于提高；

2. 流量系数与雷诺数有关，流量范围窄。

3. 孔板流量计有较长的直管段长度要求，一般难于满足，尤其对较大管径，问题更加突出；

4. 压力损失大；

5. 孔板以内孔锐角线来保证准确度，因此传感器对腐蚀、磨损、结垢、脏污等敏感，长期使用准确度难以保证。

第六节 涡街流量计

涡街流量计是根据卡门（Karman）涡街原理研究生产的测量气体、蒸汽或液体的体积流量、标准状况的体积流量或质量流量的体积流量计。也称之为旋涡流量计或卡门涡街流量计，是一种 20 世纪 70 年代才问世的新型流量计，它广泛应用于石油、化工、热力等行业，适用于各种气体、蒸汽及液体介质流量的测量，是孔板流量计最理想的替代产品。

一、工作原理

涡街流量计是基于卡门涡街原理，在流动的流体中插入一迎流面为非流线型柱状物时，流体在其两侧交替地分离释放出两列规则的旋涡，称为卡门涡街，旋涡分离频率与介质流速、旋涡发生体的几何形状以及尺寸有关，且与流速成正比，与柱体宽度成反比。

二、结构形式

涡街流量计一般由传感器和转换器两部分组成。传感器包括旋涡发生体、检测元件、仪表表体等，转换器包括前置放大器、滤波整形电路以及信号输出和现场显示单元等。

旋涡发生体：旋涡发生体是传感器的主要部件，其形状和检测方式与仪表流量特性（仪表系数、线性度、重复性等）密切相关，要求能控制旋涡在旋涡发生体轴线方向同步分离；在较宽的雷诺数范围内有稳定的旋涡分离点，能保持恒定的斯特劳哈尔数；能产生较强的涡街，信号的信噪比高；形状和结构简单，便于加工；材质满足流体性质的要求，耐腐蚀，耐磨蚀，耐温度变化；固有频率在涡街信号的频带外等。使用成熟的旋涡发生体有圆柱形、三角柱形、T形柱形、方形柱形、复合柱形、组合柱形等多种，其中三角柱形是应用最广泛的一种。

检测元件：检测元件安装在传感器探头上，采用热敏、应变、磁电、电容、应力、光电、超声等敏感元件，用以检测发生体产生的卡门涡街信号。

转换器：转换器的信号处理方法与传感器的检测方式和检测元件有关，传感器把涡街信号转换成电信号，通过前置放大器对该信号进行放大、滤波、整形等处理，最后得到与流量成比例的脉冲信号。

三、计量特性

涡街流量计常见计量特性如表1-6所示。

涡街流量计常见计量特性　　　　　　　　　　表1-6

公称直径(mm)	流量范围(m³/h)	压力等级(MPa)	压力损失(kPa)
25	10～100		
40	20～270		2.10
50	30～420		2.90
80	80～1100	1.6	4.20
100	100～1700	2.5	5.40
150	260～3800	4.0	3.80
200	460～6800		7.60
250	700～10600		16.00
300	1000～15000		

四、涡街流量计优缺点

（一）涡街流量计的优点

1. 仪表无运动部件，没有机械磨损，可靠性好；

2. 有良好的介质适应性和通用性，可以用于气体、液体、蒸汽流量的测量，也可用于高温、高压、腐蚀及脏污介质的流量测量；

3. 仪表系数不受测量介质的物性参数（如温度、密度、黏度等）变化的影响，也即工作状态下仪表系数保持不变，使仪表的校验检定简单方便，只要在一种典型介质中进行校验检定就可适用于各种介质的测量，这是其他流量计不可比拟的；

    4. 安装方便，维护量小；

    5. 与节流式流量计相比压力损失小。

（二）涡街流量计缺点

涡街流量计是一种流体振动式流量测量仪表，抗振动能力差，不适宜在振动强烈场合使用，尤其是应力式测量仪表在静态和下限小流量测量状态时，这个问题显得相对比较突出。因此，不适宜在管道振动比较强烈的场合使用。

五、选型维护

涡街流量计在选型时应充分考虑仪表的使用特点，应注意以下几点：仪表需要一定的直管段长度；应避免在振动强烈的场合使用；仪表的流量范围应给予保证，使用的额定流量应处在仪表流量上限的 $60\%\sim80\%$ 为最佳。在根据实际情况综合考虑确定使用之后，再按照一般速度式流量计（如涡轮流量计）的选型设计方法进行具体规格的选用设计。

涡街流量计的安装应注意：

（一）涡街流量计可以水平、垂直或倾斜安装，但为了防止积液干扰，安装位置要注意保证仪表处于较高位置；

（二）涡街流量计与管道连接时，上、下游配管内径与涡街流量计内径相同，配管应与传感器同心，密封垫不能凸入管道内，其内径可比传感器内径大 $1\sim2mm$；

（三）要减小振动对涡街流量计的影响，在选择传感器安装场所时尽量注意避开振动源，另外，可采用弹性软管连接，在小口径中可以考虑通过加装管道支撑物达到减振的目的。

第七节　质量流量计

燃气计量中常用的质量流量计主要有两种：热式质量流量计和科氏力质量流量计。早期的质量流量计是基于量热式测量原理，流体通过一段被加热的管道时，管壁的温度分布发生变化，后半段管壁的平均温度与前半段管壁平均温度的差，与管内流体的质量流量成正比。随后又出现一种热功耗氏力质量流量计，它是基于流体通过一段温度比流体温度高的热丝时，流体的质量流量与流体从热丝带走的热功率之间存在一个比例关系。只需测知维持热丝比流体高温差向热丝提供的电功率即可测知流体的质量流量。后来出现了科氏力质量流量计，利用流体在振动管内流动时，产生与质量流量成正比的科里奥利力原理，通过测量这个力而得到流体的质量流量，是一种直接式质量流量仪表，图 1-21 为热式质量流量计。

图 1-21　热式质量流量计

热式质量流量计流量范围宽，适合测量中小流量，准确度适中，一般为 1%～1.5%；科氏力质量流量计可测的流体范围广，适宜测量中高压天然气，测量准确度高，可达 0.15%～0.3%，对流体的流速分布不敏感，故无需上下流直管长度要求，可同时读出流体的密度，适用于双向流动的流体。缺点是价格高，不适合测量低压气体，对安装现场振动敏感，口径不能做得太大，最大管径为 400mm。

一、工作原理

（一）热式质量流量计

热式质量流量计是较早发展起来的一种智能型流量仪表，分为毛细管式和全孔式两种结构形式，其中全孔式又分为插入式和管道式，本书只介绍毛细管式流量计。

工作原理：热式质量流量计的流量传感器是基于传热学能量平衡原理，流体的质量和流速直接与传感器上的温度场的梯度相关联，当气体无流动时，微热源两边的温度场呈对称分布，温差为零。当气体流过传感器芯片时，将带走热量，破坏了温度场的对称分布，流速越高，带走的热量越大；同样，气体的密度越大，比热容越大，带走的热量越多，温度差越大，通过两端的温度差（热电堆测出）可测出气体的流速。流体带走的热量与流体的流速和质量有关（图 1-22）。

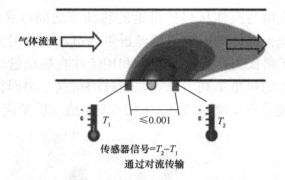

图 1-22　热式质量流量计工作原理

（二）科氏力质量流量计

科里奥利质量流量计简称科氏力流量计，是一种利用流体在振动管道中流动时产生与质量流量成正比的科里奥利力原理来直接测量质量流量的装置，由流量检测元件和转换器组成。被测量的流体通过一个转动或者振动中的测量管，流体在管道中的流动相当于直线运动，测量管的转动或振动会产生一个角速度，由于转动或振动是受到外加电磁场驱动的，有着固定的频率，因而流体在管道中受到的科里奥利力仅与其质量和运动速度有关，而质量和运动速度即流速的乘积就是需要测量的质量流量，因而通过测量流体在管道中受到的科里奥利力，便可以测量其质量流量。科里奥利质量流量计实现了质量流量的直接测量，具有高准确度，可测多重介质和多个工艺参数的特点（图 1-23）。

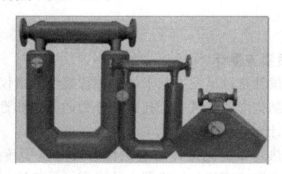

图 1-23　科氏力质量流量计

二、结构形式

（一）热式质量流量计

热式质量流量计核心部分是微机电系统（MEMS，Micro-Electro-Mechanical System），是集微型机构、微型传感器、微型执行器、微电源微能源以及信号处理和控制电路，直至接口、通信等于一体的一个微型器件或系统。

（二）科里奥利（科氏力）流量计

科里奥利（科氏力）流量计结构有多种形式，一般由振动管和转换器组成，振动管（测量管道）是敏感器件，结构有 U 形、环形、直管形及螺旋形，也有双管等方式，但基本原理都相同（图 1-24）。

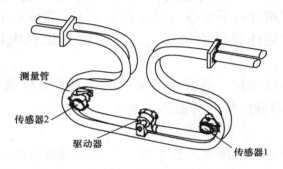

图 1-24　科氏力质量流量计工作原理

三、质量流量计优缺点

（一）热式质量流量计

优点：

1. 直接标况流量计量输出（质量流量），无需温度、压力补偿，测量结果更加真实可靠；

2. 基于实时采样的温度及设定压力实现工况流量输出；

3. 无可动部件，无机械磨损，计量稳定性较好；

4. 抗干扰能力强（无磁性元件）；

5. 按照智能表技术要求设计，可设置小流量泄漏保护，保证安全用气、多种安全报警机制（流量异常远程固件升级，电池异常、拆表等）、动态多费率（远程阶梯气价）、远程阀门控制等；

6. 紧凑型设计，体积小便于安装。

缺点：

1. 零点不稳定，易形成零点漂移，影响其准确度；

2. 气体组成成分影响质量计量的准确性；

3. 传感器沉积结垢会影响测量准确度。

（二）科氏力质量流量计

优点：

1. 直接测量质量流量，有很高的测量准确度。

2. 可测量流体范围广泛，包括高黏度液的各种液体、含有固形物的浆液、含有微量气体的液体、有足够密度的中高压气体等。

3. 测量管的振动幅度小，可视作非活动件，测量管路内无阻碍件和活动件。

4. 对迎流流速分布不敏感，因而无上下游直管段要求。

5. 测量值对流体黏度不敏感，流体密度变化对流量测量值的影响微小。

6. 可做多参数测量，测质量流量的同期可测流体密度和温度，还可由此派生出测量溶液中所含的溶质浓度等。

缺点：

1. 零点不稳定，易形成零点漂移，影响其准确度的进一步提高。

2. 不能用于测量低密度介质和低压气体，液体中含气量超过某一限值会显著影响测量值。

3. 对外界振动干扰较为敏感。

4. 不能用于较大管径，目前尚局限于口径 200mm 以下的管道。

5. 测量管内壁磨损腐蚀或沉积结垢会影响测量准确度，尤其对薄壁测量管的科里奥利质量流量计更为显著。

6. 压力损失较大，与容积式仪表相当，有些型号科里奥利质量流量计甚至比容积式仪表大 100%。

7. 大部分型号科里奥利质量流量计重量和体积较大。

8. 价格昂贵。国外价格 5000～10000 美元一套，为同口径电磁流量计的 2～5 倍；国内价格为电磁流量计的 2～8 倍。

四、安装维护

为了使科氏力质量流量计能正常、安全和高性能地工作，正确地安装和使用非常重要。

（一）机械安装应注意这样几个问题

1. 流量传感器应安装在一个坚固的基础上。内径小于 10mm 的小口径质量流量计应安装在平衡坚硬和无振动的底面上，如墙面、地面或专门的基础上。如果在高振动环境使用，应注意对基础的振动吸收，而且传感器进出口与管道之间应用柔性管道连接；较大口径的流量计直接安装在工艺管道上，应用管卡和支撑物将流量计牢牢地固定。

2. 多台流量计串联或并联使用时，各流量传感器之间的距离应足够远，管卡和支撑物应分别设置在各自独立基础上。

3. 为保证使用时流量传感器内不会存积气体或液体残值，对于弯管型流量计，测量液体时，弯管应朝下，测量气体时，弯管应朝上。测量浆液或排放液时，应将传感器安装在垂直管道，流向由下而上。对于直管型流量计，水平安装时应避免安装在最高点上，以免气团存积。连接传感器和工艺管道时，一定要做到无应力安装，特别对某些直管型测量管的流量传感器更应注意。

（二）使用和维护

1. 流量计零点调整。待流量传感器充满被测流体后关闭传感器下游阀门，在接近工作温度的条件下调整流量计的零点。调整零点时保证下游阀门彻底关闭，确认不泄漏流体是非常重要的。如果调零时阀门存在泄漏，将会给整个测量带来很大误差。

2. 设置流量和密度校准系数。正确设置流量和密度校准系数对流量计的正常工作十分重要。

3. 使用中及时发现故障和排除故障。

第八节 体积修正仪

天然气贸易结算是在标准状态（大气压 101.325kPa，温度 20℃）下结算的，而燃气表基表记录的是燃气在工作状态下的气体体积量，必须经过温度、压力的补偿，通过计算，将基表记录的工作状态的体积量，转换成标准状态的体积量。体积修正仪（温度、压力补偿修正仪）就是记录标准状况下介质的运行情况的仪表，即通过温度、压力的补偿，将基表工况记录修正成标准状况下记录。

体积修正仪是可以与气体腰轮、涡轮、旋进、涡街等流量计配套使用的智能化二次仪表，集温度传感器、压力传感器为一体，就地检测、显示温度、压力，将基表的工作状况下体积流量和总量，直接转换成标准状态下的体积流量和总量，并具有多种输出信号接口，与其他二次仪表、计算机系统联网组成网络管理系统。

一、体积修正仪的工作原理

典型的修正仪工作原理见图 1-25。

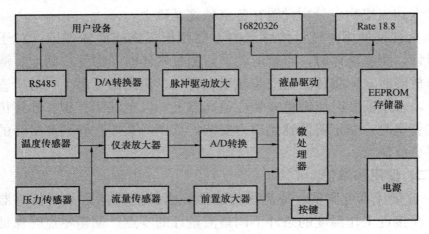

图 1-25　典型的修正仪工作原理图

流量计基表工况流量通过流量传感器信号经前置放大，压力、温度信号通过传感器，经仪表放大器、A/D 数据转换，进入微处理器计算处理后，传给存储器存储记录，并驱动液晶显示屏显示相关数据，同时根据需求，输出 485、脉冲、模拟信号供二次现场仪表使用。

二、体积修正仪的主要特点

（一）采用先进的微机技术和高性能的集成芯片，功能强大，性能优越。

（二）实时检测气体的温度、压力并进行自动补偿和压缩因子的自动修正，经计算直接检测气体的标准体积流量和标准体积总量。

（三）采用 LED 屏显示，直观、清晰，读取数据方便。

（四）数据存储技术先进，可对历史数据进行存储、记录和查询。

（五）多种输出信号接口，与二次仪表、计算机系统联网组成网络管理系统。

（六）功耗低，内部电池可长期供电运行，也可以接外部电源供电运行。

体积修正仪是由温度、压力检测模拟通道以及微处理单元组成，配有外部输出接口，体积修正仪中微处理器按照气态方程，对温度、压力进行自动补偿，并自动修正压缩因子，气态方程如下：

$$Q_n = Z_n/Z_g \times (P_g + P_a)/P_n \times T_n/T_g \times Q_g \qquad (1\text{-}6)$$

式中　Q_n——标准状态下的体积流量，Nm^3/h；

　　　P_n——标准大气压，101.325kPa；

　　　Z_n——标准状态下的气体压缩系数；

　　　T_n——标准状态下的绝对温度，293.15K；

　　　Z_g——工作状态下的气体压缩系数；

　　　T_g——介质工作状况下的绝对温度，$(273.15+t)$ K；

　　　t——被测介质的温度，℃；

　　　P_g——基表压力监测点的表压，kPa；

　　　P_a——当地大气压，kPa；

　　　Q_g——未经修正（工况）的体积流量，m^3/h。

天然气 Z_n/Z_g 称为压缩因子，计算方法参照现行国家标准《天然气压缩因子的计算　第1部分：导论和指南》GB/T 17747.1—2011、《天然气压缩因子的计算　第2部分：用摩尔组成进行计算》GB/T 17747.2—2011、《天然气压缩因子的计算　第3部分：用物性值进行计算》GB/T 17747.3—2011。

第九节　能量（质量）计量

在天然气的计量方式中，体积计量是我国目前采用的主要交接计量方式，也是天然气计量的传统方式。由于能量计量反映的是天然气的热能，作为最能反映天然气燃料特点的一种合理和科学的计量方式，能量计量在天然气贸易内被越来越广泛的采用。

20世纪80年代，北美地区就在天然气大规模交接计量中，开始以能量计量取代传统的体积计量。虽然在能量单位上有所差异，但除俄罗斯和部分东欧及中亚国家外，北美、南美、西欧、中东和亚洲的大部分国家的大规模天然气交易合同大多采用了天然气能量计量方式，全球的液化天然气（LNG）国际贸易也均以能量计量的方式进行结算。能量计量方式已经基本成为国际上最流行的天然气贸易和消费结算方式。另外，天然气终端用户也开始采用能量计量，英美发达国家天然气上中下游各价格环节均实施了能量计量计价。国外天然气能量计量计价已形成了完善的技术体系，包括发热量测定、流量测量、器具与设备、技术标准和量值溯源等。

随着我国天然气（含 LNG）进口气量的逐年递增和与其他国家天然气贸易的广泛开展，天然气的能量计量方式在国内也得到了关注和研究。2008 年 12 月 31 日，中华人民共和国国家质量监督检验检疫总局和中国国家标准化管理委员会发布了《天然气能量的测定》GB/T 22723—2008，于 2009 年 8 月 1 日起正式实施。该标准的发表和实施，标志着在中国开展天然气能量计量将有标准可依，为中国天然气计量方式与国际惯例接轨提供了技术支持。2019 年 5 月 24 日，国家发展改革委发布实施了《油气管网设施公平开放监管办法》（发改能源规〔2019〕916 号），其中第十三条明确规定："天然气管网设施运营企业接收和代天然气生产、销售企业向用户交付天然气时，应当对发热量、体积、质量等进行科学计量，并接受政府计量行政主管部门的计量监督检查""国家推行天然气能量计量计价，于本办法施行之日起 24 个月内建立天然气能量计量计价体系。"根据该监管办法规定，2021 年 5 月 24 日前中国将建立天然气能量计量计价体系，天然气管网设施运营企业将采用能量计量方式进行计价。

一、能量计量的原理

1980 年，为应对石油危机、提高天然气利用水平，美国天然气加工者协会提出了天然气交接计量和结算的发热量准则，要求以发热量为基准进行计价。1998 年，国际标准化组织研究制定了《天然气能量测定》ISO15112，规范了能量计量的方法，2007 年 12 月 1 日正式发布实施。该标准给出了能量计量的定义：天然气的能量计量是通过两个不相关的测量来完成的，即体积或质量流量的测量和体积或质量发热量的测量，将这两种测量合成，可以计算得到天然气的能量，计算公式如下：

$$E = Q \times H \tag{1-7}$$

式中　E——天然气的能量，MJ；

　　　Q——天然气标准状态的体积，m^3；

　　　H——天然气高位发热量，MJ/m^3。

从式（1-7）中可以看出，天然气能量计量就是在体积测量的基础上，再测量天然气发热量，用天然气单位体积的热量乘以天然气体积，以获得流经封闭管道横截面的天然气总能量。

由于不同国家和地区所产天然气的组成有很大差异，其发热量也不可能是一个固定值。发热量的测定一般有直接测定和间接测定两种方式。直接测定就是利用热量计直接测量天然气燃烧实际产生的热量，而间接法则是利用气相色谱仪测量天然气的组分，然后计算发热量。直接法是基准方法，能够直观地反映出天然气的实际发热量，但是它对测量设备要求较高，操作过程复杂，美英德等国均建有不确定度优于0.1％的基准级热量计，但商业化销售的热量仪的准确度达不到ISO标准要求，无法实施商业化。间接测定法则有着分析速度快、实时性好的优点，对测定环境的要求不高，也可以方便地反映出实际供出的热量，是现场测量中普遍采用的方法。目前，国际上的计量交接，尤其是西欧地区，测量天然气的发热量通常采用间接测定方法，能量计量工作原理如图1-26。

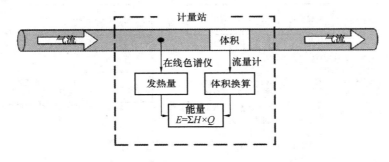

图1-26 能量计量的工作原理

二、能量计量的单位

国际上能量计量的单位主要有英热单位（Btu）、千瓦时（kWh）、焦耳（J）、色姆（therm）和卡（cal）5种。其中，英热单位使用频率较高，也是天然气国际贸易常用计量单位。西欧国家普遍采用千瓦时作为天然气能量计量单位（表1-7）。

天然气交易或消费计价的单位与使用国家和使用地区　　　表1-7

计量单位	千瓦时（kWh）	英热单位（Btu）	焦耳（J）	色姆（therm）	卡（cal）
采用国家和地区	大多数西欧国家，如瑞士、德国、意大利、荷兰、西班牙、比利时、法国、芬兰、英国等	美国、中东国家、墨西哥、印度尼西亚、巴基斯坦、泰国等	加拿大、澳大利亚、新西兰、葡萄牙、韩国等	美国	中国台湾

（单位换算：1kWh=3600 kJ；1Btu=1055 J；1 cal=4.18 J；1 therm=105.5×106 J）

三、国外能量计量的经验

（一）英国

英国的天然气输送、储运与销售业务分离，全面实施能量计价，包括进口价、井口价、管输费、储气费、配气费和销售价，计量单位主要为千瓦时（图 1-27）。

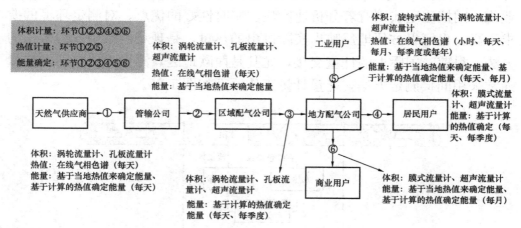

图 1-27　英国天然气市场主要能量计量方式

英国天然气的体积测量涉及所有环节，热值测量仅在环节①②⑤，热值每天发布一次。商业和居民用户采用体积计量，能量结算。其余均采用能量计量，能量结算。

英国天然气管网热值主要由 NTS 测得，每天同时测定两次，获得两个管网天然气热值。一般测量开始时间为上午十点半，有时测定时间也为下午四点钟，测量所需时间为一分半钟或三分半钟。英国各地区均采用这一热值测量机制。每个收费区域的日平均热值由 National Grid 公司提供给天然气运输商和供应商；输入收费区域的总体积每天进行计量，在每个入口处计算每日平均热值（加权平均值）。图 1-28 为英国 EA 地区 2017 年 8 月管网热值测定时间。

英国的《天然气安全（管理）法规》规定：长输管道公司必须保证管网中气体的成分含量和特性在一定限度内。National Grid 公司可以限制或者拒绝输送不符合规范的天然气。为了使 LNG 气质达到规范要求，英国在 LNG 接收终端采用掺混氮气的方式降低天然气热值。

（二）美国

美国的天然气体积计量涉及所有环节，热值测量仅在环节①③⑤，热

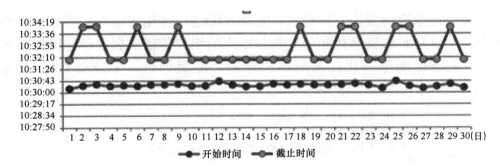

图 1-28　英国 EA 地区 2017 年 8 月管网热值测定时间

值每小时或每天发布一次。地方配气公司向居民和商业用户采用体积计量、能量结算，其余均采用能量计量，能量结算（图 1-29）。

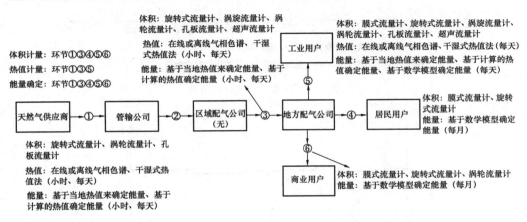

图 1-29　美国天然气市场能量计量

美国天然气的并网热值范围为 35.42～46.04MJ/m^3，通过注入惰性气体来调节热值，掺入的惰性气体为氮气、空气等（图 1-30）。

美国州际天然气管道热值	
管道名称	热值要求
Transco Pipeline	980~1100Btu/立方英尺
Trunkline Pipeline	950~1200Btu/立方英尺
ANR Pipeline	967~1200Btu/立方英尺
CIG Pipeline	968~1235Btu/立方英尺
Williams Pipeline	950~1012Btu/立方英尺
Tennessee Gas Pipeline	967~1100Btu/立方英尺

美国州内天然气管道热值	
管道名称	热值要求
Tejas Pipeline	950~1150Btu/立方英尺
Lone Star Pipeline	950~1100Btu/立方英尺
OGE Pipeline	975~1050Btu/立方英尺

图 1-30　美国天然气并网热值范围要求

（三）日本
日本天然气基本依赖进口 LNG，其热值相对恒定，由城市燃气公司和电力公司垄断经营，实行进口、管输和配送一体化，以终端零售价卖给用户，不单独收取管输费和配气费。中小型用户价格根据进口和输配成本确定，每季度调整一次，采用体积计量，能量计价，单位是日元/千卡（图 1-31、图 1-32）。

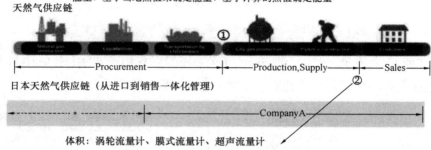

体积：涡轮流量计、孔板流量计、超声流量计
热值：在线或离线气相色谱
能量：基于当地热值来确定能量、基于计算的热值确定能量

天然气供应链

日本天然气供应链（从进口到销售一体化管理）

体积：涡轮流量计、膜式流量计、超声流量计
能量：基于当地热值来确定能量、基于计算的热值确定能量

图 1-31　日本天然气计量方式

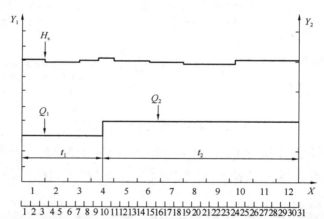

注：X 代表月或天；Y_1：H_s 代表单位体积热值；
Y_2：Q_1 代表每天或每月的天然气体积

图 1-32　日本天然气能量计量方式

日本燃气热值统一为 $45MJ/m^3$。实际变化范围为 $44.2\sim46MJ/m^3$，采用在接收站掺混 LPG 来统一热值。

天然气能量计量使不同品质的天然气有了一个统一的比较平台，促进了天然气贸易的开展，因此由体积计量方式向能量（质量）计量方式过渡将是中国天然气计量发展的必然趋势。

第二章 燃气计量仪表通信技术的发展

伴随天然气代替传统能源在工业、商业、民用等领域的推广使用，天然气的计量问题也随同出现。我国天然气初期的计量主要使用机械膜式燃气表，这种表具有计量可靠、质量稳定等特点，满足基础的计量要求。随着科技的发展与人民生活水平的提高，燃气企业所面临的入户抄表、安检、监管、调价、结算和故障等问题日益突显，同时气费回笼也存在一定的难度，在燃气的安全、运维方面管理要求增加。

燃气计量仪表作为用气数据采集的终端设备，是燃气企业实现智能化管理的前提，也是进一步实现大数据及安全服务的关键。传统的燃气计量仪表显然已经达不到这样的要求，因此借助通信技术、物联网技术，燃气计量仪表跨界合作应运而生，向信息化、智能化、数字化的道路迈进。

中国的智能燃气计量仪表从 1995 年研制 IC 卡表开始起步。目前国内外在智能燃气计量仪表技术上差距不大，均在物联网智能燃气计量阶段发力布局。从智能燃气计量仪表的发展来看，智能燃气计量仪表从最初的只能实现预付费和控制功能发展到目前集数据感知、空中储值、查询、远程监控、实时预警等功能为一体的过程，一共经历了 IC 卡智能燃气表、无线远传燃气表、物联网智能燃气表等发展阶段。每个阶段的升级都代表燃气计量技术的发展，主要体现在燃气数据读取、数据采集、通信以及阀门控制等方面。

第一节 IC 卡智能燃气表

在国内燃气计量初期，机械膜式燃气表是最原始的燃气计量仪表，由于其具有结构简单、价格低、计量稳定性好以及便于明确燃气结算管理责任的优点，得到了广泛应用。随着膜式燃气表技术的不断发展和进步，为了保证燃气表的计量准确度不受温度变化的影响，适应国内燃气价格的调整和燃气市场消费模式的转型等条件的变化，市场上逐渐出现了宽量程膜式燃气表、带温度补偿装置的膜式燃气表、带预付费装置的膜式燃气表、安全切断型膜式燃气表等计量仪表。但这些并没有改变数据读取、数据采集以及通信方式，仍存在入户抄表难、收费难、管理难等问题。

随着城市发展以及人民生活水平的提高，管道燃气用户数量逐年增加，抄表难、收费难、管理难慢慢成为众多燃气公司最凸显的问题。此外，抄表人员的不断增加，社会基本成本的逐年提高，燃气公司的经营成本持续攀升，这对管理提出了更高的要求。针对这些问题，带预付费功能的 IC 卡智能燃气表应运而生，并迅速成为燃气计量市场的"宠儿"。

IC 卡智能燃气表，即 IC 卡预付费智能膜式燃气表，以容积式机械膜式燃气表为基础，以 IC 卡为通信媒介，以售气管理系统为远程管理平台，主要由基表（容积式机械膜式燃气表）、采集信号单元（量值传感器、磁钢）、控制器单元（计费器）、执行器（电磁阀等）、通信媒介（IC 卡）、电源组成，是一种借助 IC 卡存储媒介，使用先进的读写加密技术，在传统膜式燃气表的基础上增加嵌入式软件、电子控制器、阀门及计数采样器组成，具有预付费功能并实现欠费关阀功能的智能燃气仪表。IC 卡智能燃气表技术成熟，在国内使用历史已经超过 20 年，包括民用和工商业的使用。

严格意义上，IC 卡控制器是计量仪表的辅助部分，没有主动计量的功能，只是被动接受基表的传输信号，达到扣减用户购气预存量的目的，并在欠费等特定情况下执行关阀的作用。

由于燃气基表形式的不同，IC 卡智能燃气表有两种形：一种是整体式 IC 卡表具，主要是民用膜式燃气表，组合一体使用；另一种是分体式 IC 卡表具，与基表是两个既独立又关联的表具，主要配套非民用膜式燃气表和各类流量计使用。两种形式的 IC 卡表具，其工作原理基本相同。

一、IC 卡智能燃气表及智能技术

IC 卡智能燃气表是以 IC 卡为信息载体的智能型机电一体化的计量仪表，通过预付费功能解决燃气公司收费及用户气量计量的问题。IC 卡智能燃气表及收费系统管理软件共同完成了燃气的气量管理、费用管理、用户管理，是燃气公司提高管理效率、促进资金回收的有力手段。IC 卡智能燃气表及收费系统框架图如图 2-1 所示。

IC 卡智能燃气表的类型包括：民用 IC 卡燃气表、商用 IC 卡燃气表、

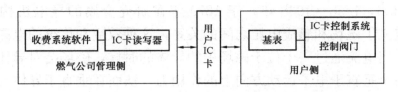

图 2-1　IC 卡表收费系统框架图

工业用 IC 卡燃气流量计。

IC 卡智能燃气表由基表、阀门、表头、控制模组、IC 卡、外壳、电池等组成。控制模组包含：取信装置、控制模块。

（一）带阀基表

IC 卡智能燃气表作为预付费表具，需根据表内剩余金额、表具状态、电源状态、用气安全等因素决定是否可以通气使用，所以使用的基表与普通后付费基表相比多一个表内置（或外接）阀门。

（二）取信装置

取信装置为燃气表提供计量信号，与取信电路驱动一起决定计量的准确性。常用的取信装置有：干簧管/霍尔模组、光电直读模组、超声波计量模组。

1. 干簧管/霍尔模组

干簧管/霍尔模组是成本较低的计量模组，利用机械或电磁感应原理，在字轮上加装磁珠，利用字轮转动时使磁珠靠近或远离模组，从而发出不同的信号，实现了对字轮模组的识别，以达到计量的目的。

（1）干簧管

如图 2-2 所示，干簧管由两片干簧片（通常由铁和镍这两种金属组成）密封在玻璃管内，玻璃管内的两片干簧片交替排列并间隔一小段空隙。无磁时两片金属簧片触点断开，当磁通量达到一定程度时，两片金属簧片接通。在玻璃管内充入惰性气体，提高间隙的电气击穿电压，以提升干簧管使用的电压范围。

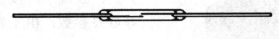

图 2-2　干簧管

（2）霍尔模组

霍尔模组是以霍尔传感器为核心元件，和相关驱动电路组成的模组。霍尔传感器是根据霍尔效应制作的一种磁场传感器。

霍尔效应是磁电效应的一种，这一现象是美国物理学家霍尔

（A. H. Hall，1855～1938 年）于 1879 年在研究金属的导电机构时发现的。它定义了磁场和感应电压之间的关系，这种效应和传统的电磁感应完全不同。当电流通过一个位于磁场中的导体的时候，磁场会对导体中的电子产生一个垂直于电子运动方向上的作用力，从而在垂直于导体与磁感线的两个方向上产生电势差。后来发现半导体、导电流体等也有这种效应，而半导体的霍尔效应比金属的霍尔效应强得多，当电流垂直于外磁场通过导体时，载流子发生偏转，垂直于电流和磁场的方向会产生一附加电场，从而在导体的两端产生电势差，这一现象就是霍尔效应，这个电势差也被称为霍尔电势差。

霍尔器件通过检测磁场变化，转变为电信号输出，可用于监视和测量诸如位置、位移、角度、角速度、转速等运行（图 2-3）。

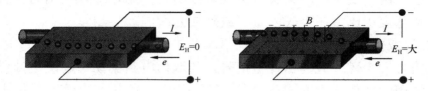

图 2-3　霍尔效应原理图

霍尔效应的本质是：固体材料中的载流子在外加磁场中运动时，因为受到洛仑兹力的作用而使轨迹发生偏移，并在材料两侧产生电荷积累，形成垂直于电流方向的电场，最终使载流子受到的洛仑兹力与电场斥力相平衡，从而在两侧建立起一个稳定的电势差即霍尔电压。正交电场和电流强度与磁场强度的乘积之比就是霍尔系数。

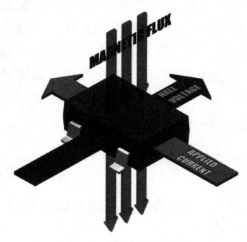

霍尔传感器是根据霍尔效应制作的一种磁场传感器。

通过霍尔效应实验测定的霍尔系数，能够判断半导体材料的导电类型、载流子浓度及载流子迁移率等重要参数。由于霍尔元件产生的电势差很小，故通常将霍尔元件与放大器电路、温度补偿电路及稳压电源电路等集成在一个芯片上，称之为霍尔传感器（图 2-4）。

图 2-4　霍尔效应示意图

干簧管/霍尔模组作为广谱型传

感器，因其结构牢固、体积小、重量轻、寿命长、安装方便、功耗小、反应快、性能稳定、价格便宜等特点，受到了各行各业的青睐。

作为燃气表具的计量核心，能力因磁而来，也因磁而扰。极易受到人为的干扰导致表具功能异常，例如使用大磁铁进行干扰，从而使计量导致异常。

2. 光电直读模组

光电直读模组由专用字轮、导管片或收发板、光电主控板等组成。

光电字轮与普通字轮不同，在字轮中间制作了 3 个一定角度的透光孔（图 2-5），光线通过透光孔可以从字轮的一侧透射到字轮的另一侧。在个、十、百、千位各个字轮的两侧，分别安装 1 组光电板（如图 2-5 所示），每组光电板上有 5 个发光管和 5 个接收管。发光管及接收管的位置安装好是固定的，当字轮转动时，字轮透光孔的角度产生变化，相应发光

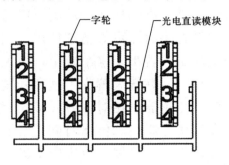

图 2-5　光电直读模拟图

管发出的光线透过字轮照射到字轮另一侧的数量和位置随着发生变化。即在字轮处于 0～9 的各个读数上，光线透过字轮照射到字轮另一侧的数量及位置都不同，依据这个原理进行编码，再经译码读出表具的气量数据。

（1）光电直读模组特点

采用光电技术，直接读取码盘数字；

智能模块与计数系统没有机械接触；

直读装置只在瞬间加电工作，功耗极低。

（2）光电直读模组优势

只在抄表瞬间上电，系统平时不工作，不用电；

智能模块不参与计量，也不会影响计量准确度，其工作准确度完全由基表本身决定；

允许抄表系统间歇性工作，对系统性能要求低；

功耗低；

抄读数据准确率高。

（3）光电直读模组缺点

相对干簧管来说，结构较复杂，材料种类多，制作工序稍有繁琐，生

产效率低，从而导致价格相对较高。

因为使用的光电编码原理，采样的关键是光电管，无论使用可见光光电管还是红外光电管进行设计，都会受到外界光照影响，当受到强光照射时，将直接影响光电管的识别，从而导致抄读数据异常。因此，设计更优的遮光结构也成为光电直读模组的重要组成部分。

3. 超声波计量模组

膜式燃气表通过表腔内两个固定的气囊，利用特殊的机械结构让两个气囊一进一出的切换，从而可以通过切换次数计算出气体流过的体积，但无法做到瞬时流量等精细计量。因为机械结构关系，该类表具有一个最低计量流量，若小于这个流量，将无法进行计量。

超声波燃气表解决了这个问题，通过采用安装于通道内上下游的一对超声波传感器，相对发射、接收超声波，利用超声波信号沿顺流与逆流方向在气体介质中的传播时间差计算气体介质的流速，进而计算瞬时流量、累计体积，并可根据应用场景进行功能扩展，例如：漏气报警（感知微小流量泄漏并上告）、大流报警（感知突发大流量并上告）、反向报警（感知燃气表反向安装并上告）、非法拆装（感知燃气表被拆卸并上告）等。

（1）超声波计量模组优点

灵敏度高，计量精度高，有利于减少输差，促进公平计量；

宽量程，满足供暖计量和日常计量的不同需要；

可靠性高，全电子计量，无机械磨损；

内置高精度温度、压力传感器，实时温压补偿，实现标况计量；

防偷盗气，能检测到反向装表、非法拆装表行为；

集基表、计量、传感、异常检测于一体，集成度高，功能强大。

（2）超声波计量模组缺点

相较膜式表来说，价格较高。

（三）IC 卡

作为预付费 IC 卡表的核心功能之一，IC 卡承当了从燃气公司到客户表端的金额和信息的传递者。IC 卡通信协议执行国际标准 ISO7816 通信协议，以达到广泛应用的目的。

从使用方式上分为接触式 IC 卡和非接触式 IC 卡。

接触式 IC 卡：必须将 IC 卡插入读卡座中，将卡上芯片触点与读卡座触点相接触，通过有线的方式进行数据传输，如图 2-6 所示。

非接触式 IC 卡：又称为射频卡，主机无物理读卡接口，IC 卡无需和

图 2-6　IC 卡卡片

主机接触，通过无线方式就能传输数据。

从功能上分为存储卡、带加密逻辑存储卡、CPU 智能卡。

1. 存储卡

卡内嵌入的芯片多为通用 EEPROM 或者 Flash Memory，没有安全逻辑，可以对芯片内的信息不受任何限制地进行读取和写入。通信协议不完全符合和支持 ISO7816 国际协议，一般采用 2 线 I2C 串行通信协议或者三线 SPI 串行通信协议。

因为有功能简单、价格低廉、开发容易、存储容量扩展方便等特点，因此，大多用于一些简单的、内部信息无需保密或者不允许加密的场合。使用方法与通用 EEPROM 相同。

存储卡的代表产品有：美国 ATMEL 公司的 AT24 系列、AT93 系列、AT45 系列等。

（1）存储卡的优点

价格较低，容量极易扩展。驱动无需作修改。

（2）存储卡的缺点

无保护功能，攻击者可以随意读写卡内数据。

2. 逻辑加密存储卡

逻辑加密存储卡是在存储卡的基础上，再增加一部分密码控制逻辑单元。由于采用密码控制逻辑来控制对 EEPROM 存储器的访问和改写，因此它不像存储卡那样可以被任意地复制和改写。但只是低层次的保护，无法防止恶意攻击。

典型的逻辑加密存储卡有 1604、1608、4406、4442、4418、4428、4432 等。

典型的应用有：小区门禁卡、智能门锁卡、电表卡、气表卡、考勤卡等。

例如 4442 卡，4442 卡为 256 字节加密卡，存在读数据、写数据、保护数据及密码的操作。4442 卡的保密特性：三字节的用户密码；密码核对正确前，全部数据只可读取，不可写入；核对密码正确后，可以更改数据，包括密码在内；错误计数器初始值为 3，当密码核对出现一次错误时，错误计数器便减 1，若计数器值为 0，则卡片自动锁死，数据只可读出，不可以更改，也无法再进行密码的核对；若密码核对正确，错误计数器将恢复初始值为 3；前 32 字节写保护区的每一字节可单独进行写保护，配置为写保护后，对应字节只可读出，不可修改。

（1）逻辑加密卡优点

相较于存储卡，价格稍高，但比 CPU 智能卡便宜；

对数据有一定安全机制，可防止攻击者随意修改。

（2）逻辑加密卡缺点

加密逻辑简单，仅使用密码确认操作者，安全等级不够高，极易被破译。

3. CPU 智能卡

CPU 智能卡也称智能卡，卡内的集成电路中带有微处理器 CPU、存储单元（包括随机存储器 RAM、程序存储器 ROM（FLASH）、用户数据存储器 EEPROM）以及芯片操作系统 COS。装有 COS 的 CPU 卡相当于一台微型计算机，不仅具有数据存储功能，同时具有命令处理和数据安全保护等功能。

CPU 智能卡是由硬件和软件两部分构成，智能卡的硬件部分是集成电路，集成电路的外在形式是芯片，内部组成是各种功能的集成部件，包括 CPU、RAM、EEPROM、ROM 等，不同的芯片，其硬件配置不同，功能也不同。智能卡的软件部分是 COS，全称是 Chip Operating System（片内操作系统），它一般紧紧围绕着它所服务的智能卡的特点进行开发。COS 的功能包括但不限于：传输管理、文件管理、安全体系、命令解释，这是内部机理。在外部使用来看就只是一个智能卡。COS 是用户的应用程序与卡的交互界面，是卡内各硬件部件的总调度师，是卡的安全卫士，是实现各相关国际标准的基础。COS 通常都有自己的安全体系，它的安全性能通常是衡量 COS 的重要技术指标。

CPU 智能卡最基本的用途可归纳为：身份认证、数据载体、支付工具。随着技术的发展和应用的普及，智能卡的用途会更加广阔，比如可作为一些设备的嵌入模块，可作为一些场合的专用模块等。

二、IC卡智能燃气表具介绍

（一）工作原理

当燃气气体流过流量传感器，把气量信息转换为对应量值的脉冲信号，通过CPU中央处理器进行各种信息的处理，最后通过液晶显示器，显示剩余气量以及其他信息。

流量传感器有多种结构形式，使用的检测原理也不一样，目前常用的是脉冲技术或光电转换技术，传感器将天然气的流量转为电信号输入单片机进行计量。当IC卡中读入EEPROM中的用气量即将被扣除完时，会提醒用户提前购气。如不购气充值，存量被扣完以后，系统将会自动关闭阀门，停止燃气通过；直到用户购买的预存气量重新读入燃气表中，才会开启阀门供气，图2-7为IC卡工作原理图。

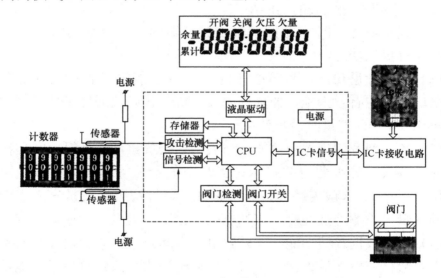

图2-7 IC卡工作原理图

（二）结构形式

IC卡智能燃气表由基表、传感器、电源、控制器、阀等组成，结构见图2-8。

（三）功能简介

IC卡智能燃气表是在传统燃气表的基础上增加了阀门控制、计量取信、数据存储和数据加密、卡通信，具有预付费功能的智能计量仪表。

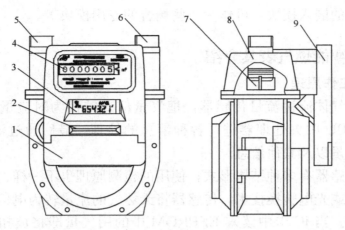

图 2-8　IC 卡结构图

1—电池盒盖；2—IC 卡槽；3—液晶显示器；4—机械计数器；

5—进气口；6—出气口；7—电机阀；8—基表；9—控制器

1．IC 卡智能燃气表的功能特点：

（1）提示功能：IC 卡智能燃气表控制器的液晶有简洁汉字提示和蜂鸣器鸣叫等提示功能。

（2）正确计量功能：为精准计量，IC 卡智能燃气表在硬件上和软件上均采取了一些有效措施，如软件滤波、抗干扰以及漏计量处理等，确保用户每用 $0.01m^3$ 气量时表具计量一次。

（3）预付费及用气控制功能：当表内剩余气量低于预设值时，控制器液晶显示购气、蜂鸣器鸣叫提示；当剩余气量为零时自动关阀、切断气源。用户通过 IC 卡购买燃气并插入表具后，将购买的气量充入表内，新购买的气量可以累计加在燃气表的剩余气量上，表具自动恢复供气。

（4）掉电数据存储功能：在外置电源突然停止供电的情况下要保证将一些重要数据完整无误地保存下来，以便电源恢复系统复位后，能重新调入重要数据让表正常运行。

（5）低电压检测功能：由于燃气表是采用电池供电，因此在使用的过程中必须进行电压检测。即当电源电压下降到某一值时，系统能识别并提示用户更换电池，系统自动关闭阀门，否则将可能出现无法计量但阀门依然开启的故障，对燃气公司造成损失。

（6）阀门驱动功能：根据系统指令实现阀门的开和关。

（7）报警功能：气量不足报警——燃气表剩余量低于报警设定值时，有蜂鸣器报警和液晶显示报警。若继续使用，燃气表剩余量为零时，阀门关闭并鸣叫提示。电池欠压报警——电池的电压低于报警值时，蜂鸣器报警和液晶显示报警。若继续使用，当电池电压低于设计的最低电压值时，阀门关闭并鸣叫提示。

（8）读写IC卡功能：应能正确无误地读写IC卡，并成功执行卡片内指令或功能，并能具有一定的防御外置非法卡片攻击功能，例如短路卡片、非法指令型卡片、非法充值卡片等。

（9）自动收费功能：通过一户一表一卡，用户将费用交给燃气销售部门，销售部门将购气量通过计算机管理系统写入IC卡中，用户将IC卡插入IC卡智能燃气表中，便可获得所购燃气量的使用权限。在用户用气的过程中，IC卡智能燃气表中的微电脑自动核减剩余气量，所购气量用尽后便会自动关阀断气，用户需重新购气方能再次使IC卡智能燃气表开阀供气。

IC卡智能燃气表通过IC卡、CPU卡及射频卡作为购、用气中介，燃气公司利用国内各大银行网点、连锁超市、自助终端实现联网售气，用户随购随用。相对于普通膜式燃气表，极大地方便了燃气公司对用气的管理，节省了财力人力。尽管在一定程度上改善了计量收费、管理中存在的问题，但仍存在不能实时统计用气量，不能远程实时监控燃气表状态，无法实现远程安全阀控。另外，若遇费率、气价调整，需要人工调整，仍然存在着管理成本高、效率低的问题。

2. IC卡智能燃气表的缺点：

（1）采用IC卡座接口，不能实现电路全密封，不能防腐，防浸水。

（2）只能使用预付费模式，业务拓展能力低。

（3）缴费不便，需要用户去网点缴费，将燃气公司的人力成本部分转移给了用户。

（4）存在卡遗失或者损坏情况，需要补卡。

（5）数据不具有实时性。

第二节　远传智能燃气表

随着通信技术和城市智能化的发展，各种远距离通信技术飞速发展，主要分为有线通信和无线通信两大类。燃气计量技术与通信技术相结合产生了远传智能燃气表，包括有线远传燃气表、无线远传燃气表以及相应的抄表系统，进一步满足燃气企业和用户的发展需求。其中，使用有线通信技术的规模化应用解决方案有 M-bus 远程抄表系统方案；使用无线通信技术的规模化应用解决方案有：GFSK 远传点抄方案、LoRa 远传点抄方案、GFSK 超低功耗无线抄表应用方案、LoRa 扩频超低功耗无线抄表应用方案、LoRaWAN 应用方案等。

一、远传智能燃气表

远传智能燃气表，根据表具采用的通信方式不同，分为有线远传燃气表和无线远传燃气表。

远传智能燃气表由燃气基表、流量传感器、微处理控制模块、无线收发模块、液晶显示器和控制电机阀门等部件组成，是具有远程传输功能的计量仪表。它集微电子技术、自控传感技术、通信技术及网络技术于一体，能直观显示燃气气量数据，又能通过 M-bus 有线、RF 无线或GPRS/CDMA 等通信技术，采用移动公网或专网（C 网或 G 网）进行数据远程传输的智能燃气表。

二、远传智能燃气表集抄系统

远传智能燃气表集抄系统由远传智能燃气表、采集器、集中器、通信控制器、GSM 无线数据传输模块和售气管理系统等部分组成。根据配置不同，可以形成多种形式的集抄系统。

（一）采集器

采集器由微处理器、无线通信模块、电源系统和天线组成。主要负责采集远传表发送过来的数据信息，存储在存储器中，等待手持抄表器或无线抄表器的唤醒，并进行采集数据的传输。

采集器具有以下功能：

（1）采集燃气表信息：可定时进行表具用气数据等信息接收；

（2）发送和执行工作指令：接收手抄器信息，服从手抄器的指令，即时指示灯提示，在唤醒状态下发送指令开关阀门；

（3）休眠及被动唤醒：5s 时间内不工作自动进入休眠状态，在手抄器唤醒指令下及时唤醒；

（4）信息设定：设定有效传输距离范围内的所有用户表具通信及锁定用户表具 ID 信息；设定有效传输距离范围内的集中器通信及锁定集中器ID 信息；

（5）时间校准：自动校对实时时钟，保存和记录最后一次数据通信的时间。

采集器的供电方式一般为交流电、直流电和太阳能电源三种方式。交流供电时，采集器不存在功耗问题，可一直处于待机状态；锂电池供电时需考虑功耗问题，一般设置为休眠模式，当接收到唤醒信号时才开始工作。

（二）手抄器

手抄器是用于读取采集器中有关气表气量数据信息及其他信息的设备，也可以对具有双向数据传输功能的远传表直接读取气量信息，并控制燃气表的使用状态。

手抄器具有以下功能：

（1）唤醒远传表、采集器、集中器；

（2）设置集中器参数及信息；

（3）读取集中器上的燃气表数据，查看气表运行状态；

（4）查询和显示抄表信息及用户信息，可支持最大 6000 条用户数据；

（5）可就地执行打印催缴费单（可选功能）；

（6）通过有线方式与 PC 上传或下载数据。

手抄器的通信模块工作频率为 433MHz，通信模块最大发射功率为 10mW，通信模块射频调制方式为 FSK（Frequency-Shift Keying），空旷地带传输距离为 800m。

（三）集中器

集中器利用移动无线网 GPRS 业务对其采集到的远传表数据进行数据传输。GPRS 集中器可以在线实时抄表，也可以定时抄表。GPRS 的计费是以数据量来计算的，不以时间计算，所以运营成本低，适合燃气表的抄表。GPRS 传输具有很高的数据安全性和准确性，无需专门布线。

集中器具有以下功能：

（1）自动上传抄表日气量数据及其他信息；

（2）无线唤醒功能和自动唤醒功能；

（3）快速抄读功能：按序号、按远传表通信地址方式快速抄读集中器中的燃气表数据信息；

（4）调价、修改、删除燃气表通信编号；

（5）查询、设置及初始化功能；

（6）设定路由表（作为信息传输的表）参数。

（四）管理系统

根据远传智能燃气表工作模式及其抄表方式的不同，管理系统兼具不同功能：包括用户管理、设备管理、业务管理、统计分析、系统维护、无线通信管理等功能。

三、有线远传抄表系统构成

有线远传抄表系统由有线远传燃气表、M-Bus 采集器、集中器、上位机构成。

（一）有线远传燃气表

有线远传燃气表主要由电源模块、主控 MCU 模块、计量光电取信模块、阀控模块、M-Bus 通信收发模块组成。有线远传燃气表电源采用整流桥形式输入，可以实现无极性接入；主站可通过集中器下发指令，通过光电取信模块对表具进行抄表和远程阀控。

（二）M-Bus 采集器

采集器完成系统架构中数据采集层的工作。

如图 2-9 所示，中间灰色部分为采集器模块。采集器模块内按功能不同分为五部分：处理器核心、M-Bus 主机、M-Bus 从机、串口、485 总线（保留接口）。处理器核心是模块的心脏，控制着整个模块的工作；M-Bus 主机与计量表数据板卡直连，是数据进入系统的总入口；M-Bus 从机与集中器相连，实现数据上传；串口设计用于方便观察处理器的工作情况以及数据的接收和发射状况，接口方便日后开发使用。

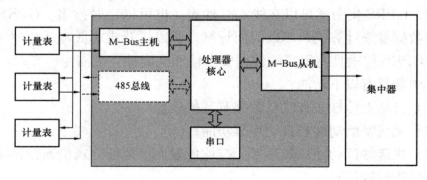

图 2-9　采集器模块示意图

（三）集中器

集中器完成系统架构中通信信道层的工作，即负责建立采集器与工作站之间的数据通路。

集中器模块示意图如图 2-10 所示。图中间灰色部分为集中器模块，分为四部分：处理器核心、M-Bus 主机、GPRS 模块、串口。同样的，处理器核心控制整个模块的工作状态；M-Bus 主机用来获取采集器获得的数据；GPRS 模块与移动基站建立连接，处理器将数据打包成 GPRS 数据包后经 GPRS 模块发出；串口设计方便监控，也可作为现场数据获取端。

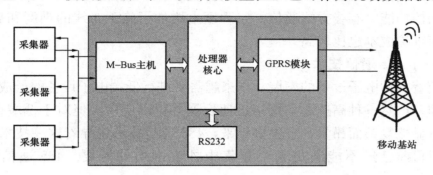

图 2-10　集中器模块示意图

（四）上位机

上位机完成系统架构中管理层的工作，即完成数据解码、分析、管理及存储工作。

上位机示意图如图 2-11 所示。移动基站通过 APN 将数据包发送到 Intemet，Intemet 再将数据包发送到相应服务器，服务器接收后对数据包进行解析，还原成原始数据后进行保存。上位机能够访问服务器并操作数据，以直观的统计信息将数据展现给管理者和用户。从系统模块化分析中可以看到，针对本系统设计采集器通过 M-Bus 总线与计量表端相连，采集汇总所在单元内计量表的数据；集中器通过 M-Bus 总线与各采集器相连，实现采集器数据集中后完成上传工作。采集器既起到数据采集的功能，又起到中继功能，这样会大大增加系统的驱动能力和稳定性。

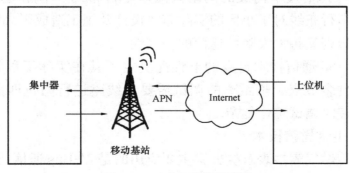

图 2-11　上位机模块示意图

四、有线远传抄表通信技术

有线远传燃气表能够实现实时抄表，具有传输数据稳定和抗磁干扰能力强的优点。其数据传输方式为单向上传，燃气公司远程管理平台无法下发远程控制命令至各台燃气表，燃气表仅用于计量数据统计，无预付费和远程阀控功能。有线方式通信一定程度上增加了施工布线的难度和成本，在后期维护成本也比较高。

（一）485 通信技术

随着各种电子设备的发展，越来越需要进行低端电子设备的低成本联网管理。虽然各种高速通信网络迅速发展并得以应用，但对于低端设备，其接口显然复杂而昂贵，过去多年来，485 通信技术主导着这一技术的应用，但目前已经不能满足大容量集中抄表网络的需要。485 通信技术缺点：

1. 485 的通信设备容量少，理论上最多容许接入量不超过 128 台设备；

2. 485 的通信速率低，并且其速率与通信距离有直接关系，当达到数百米以上通信距离时，其可靠通信速率小于 1200b/s，这使得大量结点的抄表速度非常低。

3. 非隔离方式不能应用于长距离户外通信，隔离方式需要隔离电源，成本较高。

4. 485 通信方式不能给下接设备供电，设备需要单独解决供电问题。

5. 485 通信芯片功耗较大，静态功耗达到 2～3mA，工作电流（发送）达到 20mA，这增加了线路电压降，不利于远程布线。

6. 长距离通信时 485 通信芯片容易损坏。

7. 以 485 通信技术构成的网络只能以串行布线，不能构成星形等任意分支，而串行布线对于小区的实际布线设计及施工造成很大难度，不遵循串行布线规则又将大大降低通信的稳定性。

8. 由于 485 通信技术自身的电性能决定了其在实际工程应用中稳定性较差，并且多节点、长距离的调试需要对线路进行阻抗匹配等调试工作，大量安装时调试工作复杂。

（二）M-Bus 通信技术

有线远传燃气表抄表解决方案主要应用的是 M-Bus 通信技术。

M-Bus（Meter Bus）即仪表总线，是一种低成本的一点对多点的总线通信系统，具有通信设备容量大（500 点），通信速率高（9600b/s），成本低，设计简单，布线简便（无极性可任意分支，普通双绞线），抗干扰能力强，并总线可提供高达 500mA 电源的特点。该系统具有自动登录功能，此功能可完成设备的自动登录、结点中断报警等双向可中断的先进的通信功能。总线隔离设备具有总线故障隔离性能，保证部分总线故障时其他部分正常通信。

帕德博恩大学（Universität Paderborn）的 Dr. Horst Ziegler 与德州仪器公司（Texas Instruments）的 Deutschland GmbH 和 Techem GmbH 共同提出，M-Bus 总线的概念居于 ISO-OSI 参考模型，但是 M-Bus 又不是真正意义上的一种网络。在 OSI 的七层网络模型中，M-Bus 只对物理层、链路层、网络层、应用层进行了功能定义，由于在 ISO-OSI 参考模型中不允许上一层次改变如波特率、地址等参数，因此在七层模型之外 M-Bus 定义了一个管理层，可以不遵守 OSI 模型对任一层次进行管理。M-Bus 总线的提出满足了公用事业仪表的组网和远程抄表的需要，同时它还可以满足远程供电或电池供电系统的特殊要求。M-Bus 串行通信方式的总线型拓扑结构非常适合公用事业仪表的可靠、低成本的组网要求，可以在几公里的距离上连接几百个设备。

M-BUS 总线具有布线简单、与拓扑无关、在线供电、抗干扰强等特点，在技术上更适合非电力用户用仪表的数据传输，明显优于 RS485、Lonwork 等总线在非电力仪表中的适用性。住房城乡建设部 2018 年发布的行业标准《户用计量仪表数据传输技术条件》CJ/T 188—2018 中也包含了 M-Bus 总线标准内容。目前，国内 M-Bus 总线技术的应用十分活跃，诸多楼宇系统集成商和表具厂商都在开发相关的产品和系统。

1. M-Bus 总线特点

（1）总线采用普通的两芯导线，组网方便。楼宇内的计量表可以直接并联到一根双绞线上实现组网；

（2）总线正负极可以互换，这得益于从机收发芯片的巧妙设计；

（3）总线给从机供电，从机可以按需求设计是否用电池供电；

（4）总线通信方式为异步通信，通信波特率范围为 300～9600 波特率，传输可靠性高；

（5）M-Bus 总线通信距离可达几公里。

2. M-Bus 总线结构模型

M-Bus 不是一个完整的网络，对比 ISO-OSI 省略了很多层。为实现功能只保留了物理层、数据链路层、网络层和应用层。由于 ISO-OSI 模型没有定义顶层关于波特率和地址这类参数的设置，因此在 M-Bus 中额外定义了一层，称作管理层。M-Bus 总线协议结构模型如表 2-1 所示。

M-Bus 总线协议结构模型　表 2-1

分层	功能	标准
管理层	设定波特率、地址等	
应用层	定义数据类型、数据结构	EN1434-3
网络层	扩展寻址（可选）	
数据链路层	传输参数、报文格式、寻址，检查数据完整性	IEC870
物理层	总线连接，包括拓扑结构和电器规范	M-Bus

应用层用来定义数据类型和数据结构，网络层用于路由传输，数据链路层用于建立数据连接，物理层提供数据传输的物理通道，建立物理连接。

3. M-Bus 物理层

M-Bus 是一个主从式系统，由一个主站实现控制和通信。一个完整的 M-Bus 系统包括一个主站、若干从站和一根两线制导线；从站通过并联的形式连接在导线上，如图 2-12 所示。

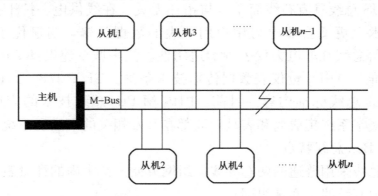

图 2-12　M-Bus 总线拓扑结构

从机个数理论上是无上限的，只要主机的驱动能力足够，可以添加中继器的方式实现。M-Bus 利用两线电缆实现数据传输，方式为半双工串行传输。主机的发送和接收数据方式在物理上的定义是不同的，发送时采用电压调制的形式，接收时采用电流调制的形式。

（1）主机发送数据

主机向从机发送比特流数据时电流保持不变，数据的定义在于总线上电压的高低。理论上定义为：

1）逻辑"0"：主机发送的对应标称总线电压＋24V；

2）逻辑"1"：主机发送的对应标称总线电压＋36VE261。

在实际应用中，由于总线电缆存在一定阻抗，会导致从机收到高电平实际电压值小于＋36V，而低电平电压值也会出现一定幅度下浮的情况。M-Bus 允许这种情况的存在，解决办法在从机端实现。从机对电平的识别实际上不是测量总线电压到底是＋36V 还是＋24V，而是检测总线电压的变化情况。实际应用中从机对逻辑电平的判断如下：

1）从机记录总线的静态电压值 V_q；

2）逻辑"0"：从机检测到的电压值对比于 V_q 减小的幅度小于5.7V；

3）逻辑"1"：从机检测到的电压值对比于 V_q 减小的幅度大于8.2VC91。

（2）主机接收数据

主机接收从机发送的比特流数据时电压保持不变，数据的定义在于总线上电流的大小。挂载在 M-Bus 中线上的每个从机都是要消耗一定静态电流的，消耗值标定为 I_q，该电流值小于1.5mA。逻辑电平理论上定义为：

1）逻辑"0"：总线电流增加幅度为11～20mA；

2）逻辑"1"：总线电流恒定为 I_q。

主机通过检测总线的电流值来判断传输的比特流数据是"0"还是"1"。

图 2-13 给出了主机在发送和接收数据时，总线上电压和电流的变化

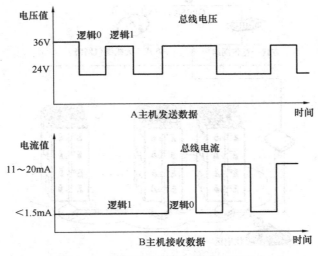

图 2-13　总线数据传输与逻辑电平关系

与逻辑电平之间的具体关系，可以看到，无论什么时候，数据的传送都是单向的；这种通信方式可以实现远程供电（主机对从机供电），而且数据的传输是可以保证可靠性的。

五、有线远传抄表方案

远程集抄系统是按目前抄表行业的实际情况而开发的，它以采集数据、传输数据和处理数据为核心，系统每一个环节都要求保证数据的可靠性。现阶段我国计量表（包括水、电、气、热四表）安装的方式主要是一户一表，总体表现为一个单元内按户装表，各单元之间计量表以同样的形式安装，形式上看为典型的对等复制模式。这对抄表系统的实现提供了极大的便利。

有线远传抄表解决方案主要运用 M-Bus 燃气抄表系统。

如图 2-14 所示的 M-Bus 系统架构图是抄表系统的结构图形化表示。底层为居民居住区，每一户都装有相关计量表，是抄表数据的来源，系统将在这里获取每户居民的实际气量使用情况并进行初步汇总。中间层为数据上传媒介，宽带网络、GPRS 等通信方式可作参考。数据在保存入服务器中心时，还需要对数据进行具体分析，同时用户也有权获得自己的使用

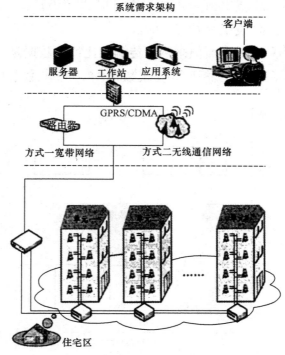

图 2-14　M-Bus 系统架构图

情况，这些问题在图中表示的顶层解决。

（一）M-Bus 系统架构（图 2-15）

根据需求分析和实际可操作性，按图 2-14 虚线划分，给出如图 2-15 所示的远程集抄系统总体框架。

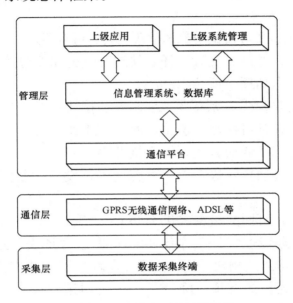

图 2-15　远程集抄系统总体架构

从图 2-15 可以看到，远程集抄系统按功能分为三层：数据采集层、通信层、管理层。

1. 数据采集层

采集层是抄表系统的信息底层，直接连接计量表，负责收集和提供燃气表的最原始数据信息。

2. 通信层

通信层连接着数据采集层和管理层，是管理层与采集层信息交互的链路基础。可供选择的有线和无线通信信道有很多，比较典型的是宽带网络和 GPRS 无线通信网络。

3. 管理层

管理层又可称作主站层，该层负责三大部分工作：通信平台数据接收和处理、数据库管理、业务应用。在这里先对通信层传达的信息进行协议解析，之后数据入库，最后按需指定各种应用业务逻辑，实现数据可读性。

根据系统架构，按不同功能对每个层次进行模块化定义并进行分类：

有线远传智能燃气表、采集器、集中器和上位机。M-Bus 总线作为短距离通信载体，选择 GPRS 无线通信网络实现数据远传工作。

（二）M-Bus 燃气抄表系统特点

1. 高速稳定的通信速率，在 4.8kb/s 的通信速率时可达到 2.4km 的可靠通信距离；

2. 在 4.8kb/s、2.4km 的可靠通信距离时，可有多达 500 个结点的容量；

3. 允许串形、星形、交叉等任意接线分支的布线方式；

4. 极低的静态功耗，低达 $200\mu A$；

5. 使用普通双绞线，无极性二线制安装接线；

6. 隔离通信设备可保证在遭雷击时可靠工作；

7. 恒流的电流环通信方式，抗干扰性强；

8. 具有设备自动登录等功能，可容纳多种设备，预留多种通信协议，扩展方便；

9. 总线供电，可向从设备提供 200mA 电流。

M-Bus 有线远传燃气抄表系统可以实现远程抄表，远程充值，远程控制终端设备等功能。相对于 IC 卡燃气表减少了营业网点的设置，减少了民用客户线下充值的麻烦，降低了燃气公司运营成本。同时 M-Bus 有线燃气抄表系统相对于其他有线远传系统，更稳定，传输距离更远，工程施工布线相对容易，因此受到燃气公司的青睐。

虽然 M-Bus 有线远传燃气抄表系统有以上诸多优势，但面临最突出的问题是连接线的工程安装和维护。随着无线技术的发展，无线传输应用的推广和整体成本的降低，无线智能抄表系统由于工程安装和系统维护的优势逐渐普及。

（三）有线远程集抄系统的特点

1. 抄表数据自动汇总，自动上传，抄表成功率要高；

2. 具有远程监视功能，抄表终端一旦出现异常，及时报警；

3. 用户通过公网能够查询自己的使用情况，但有权限限制。

六、无线远传抄表系统构成

（一）无线远传抄表系统构成

无线远传智能燃气抄表系统根据系统架构，按不同功能对每个层次进行模块化分类：无线远传燃气表、中继器、集中器和服务器主站管理软件。

1. 无线远传燃气表

无线智能燃气表主要由电源模块、主控 MCU 模块、计量取信模块、阀控模块、存储模块、人机交互模块、无线通信模块组成。无线智能燃气表电源可以采用碱电池或者锂亚电池供电（锂亚电池供电可保证表具正常运行 10 年）；计量模块对表具脉冲信号或者光电信号进行数据采集，并存储在存储模块；主站可通过集中器下发控制指令进行无线抄表，存储数据读取、远程阀控；人机交互界面可通过按键、液晶屏幕向用户展示用气量、表具状态等信息。

2. 中继器

中继器由电源模块和无线通信模块组成。通常采用锂亚电池供电来保证运行 10 年。中继器不采集数据，仅提供中继透传功能。

3. 集中器

集中器电源由 220V 交流电源或太阳能充电管理系统、主控 MCU 模块、数据存储模块、RF 通信模块、2G/4G 通信模块、人机交互模块、红外、USB 通信接口组成。集中器管理整个无线网络的构成，协调网络中终端节点的通信过程，同时接收处理终端节点发送过来的数据请求并通过 2G/4G 与远程服务器产生数据交互。

4. 服务器主站管理软件

主站管理软件主要为后台业务操作系统，作为整套系统的集抄管理中心。

近年来燃气抄表领域对于 LoRa 技术的应用多是采用自主研发的通信协议，采用被动唤醒、固定 SF 和发射功率等设计，通用性、抗干扰性差。被动唤醒的抄表方式要与手持机配合使用，终端为了支持这种抄表方式要频繁唤醒检测是否有手持设备，因此终端大部分唤醒是无用的，这部分功耗相当于被浪费，因此技术与协议的有效结合有效地提升了系统的性能。

（二）无线智能燃气抄表系统架构

系统由服务器主站管理软件、集中器/网关、中继器、无线燃气表、现场维护掌机等组成，结构如图 2-16 所示。主站管理软件远程实现实时被动抄收和定时主动上报抄收居民用户的燃气使用情况数据，远程对欠、续费居民用户的燃气表进行实时阀控关闭和开启，实现阶梯价格方式对居民用户的用气情况进行计费和扣费，并对用户燃气表故障异常实时上报。集中器作为现场的数据采集汇集终端，上行通过 2G/4G 移动公用网络与

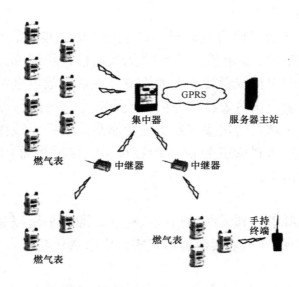

图 2-16 无线智能燃气抄表系统架构

主站服务器通信，下行通过组建的无线拓扑网络与中继器和无线燃气表通信，将燃气表的所有数据采集上来。集中器作为拓扑网络的中心节点，大部分无线燃气表可直接连接到该中心节点，全部中继器作为路由节点加入该中心节点，剩余不能直接加入中心节点的无线燃气表作为休眠节点，通过唤醒已入网的中继器，由中继器允许其加入网络中，从而实现全部无线燃气表的组网。现场维护掌机作为辅助设备，可对现场的节点出现的问题进行测试、诊断和维护，也可在现场通过维护掌机直接进行燃气表数据的抄收，然后与主站系统进行对接，进行抄收数据登记与校对。该系统具有即装即自动入网，服务器主站管理授权，网络路由自动修复，稳定可靠抗干扰性好等特点，可达到对燃气表数据进行远程采集和管理稳定、可靠、便捷的目的。

如图 2-17 所示，网络拓扑结构作为整个网络的核心，它不仅可以反映出网络中各节点的结构关系，同时一个合适的网络拓扑结构不仅可以提高网络通信性能，还可以减少网络的建造及维护成本。一般的无线通信系统中常用的网络拓扑结构有点对点拓扑、树形拓扑、星形拓扑、Mesh 拓扑等几种。

1. 点对点拓扑

主要应用为手持抄表器进行点抄，对数据进行人工管理，点对点拓扑结构仅解决抄表不入户问题。

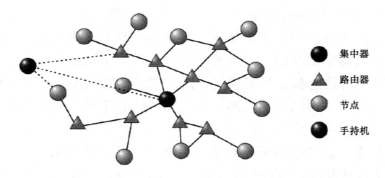

图 2-17　系统网络拓扑结构

2. 树形拓扑

树形拓扑结构是一种树形的层次网络结构，在这种结构中每一个节点都只能和他的父节点和子节点之间进行通信，处于相同层面的节点或相邻节点间不能进行数据通信。这种拓扑方式构建的网络结构简单，维护方便，但是资源共享能力较低，可靠性不高，信息传递只有唯一的路由通道，任何一个节点故障都有可能影响到整个网络。

3. 星形拓扑

星形拓扑结构作为一种辐射状的网络结构，首先选取一个节点作为中心节点，然后将其余节点与中心节点相连，并以中心节点为核心，通过中心节点来协调网络中节点的通信过程。在这种网络拓扑结构下，终端节点与终端节点之间无法直接进行通信，星形拓扑结构不仅拓扑结构简单，同时十分易于局域网组网和管理，是目前局域网普遍采用的一种拓扑结构。

4. Mesh 拓扑

Mesh 拓扑网络由于其结构特性，处于 Mesh 网络中的任何无线设备都可以是网关或者终端，且都具有数据的发送或接收功能，同时在必要时还可以被当作路由器完成其他节点的数据转发功能。相较于传统网络拓扑结构性而言，Mesh 网络结构具有动态自组织、自均衡、组网方式灵活等诸多优点，但是其缺点是实现起来复杂，路由延迟较大，成本高。

根据 GFSK 和 LoRa 通信的特点，智能燃气系统最适合采用系统网络拓扑结构。

星形拓扑主从式结构，所有操作由集中器进行控制，在没有收到集中器信号的情况下，节点与路由器不主动发送信号；集中器可对网络内所有设备进行集中操作，也可对单个节点或路由器进行操作。

路由器只承担路由与中继功能，不采集数据，路由器之间可以组成

Mesh 网络，数据传输能有多路径可选，保证路径冗余。

节点智能燃气表用于采集数据，通过组好的网络将数据传回集中器，节点可直接与集中器通信，也可通过路由器与集中器通信，每个节点可与2个以上的路由器连接，保证路径冗余。由于节点本身无路由和中继功能，使得组网效率得以大为提高，组网时间远少于其他使用节点进行路由的网络。

节点与集中器是组网必备的设备，路由器可根据情况使用，如果有远距离节点无法连接时，可在两者之间增加路由器，一级不够再加一级，依次增加，最多能支持8级。设备组网后即成为一个星形拓扑网络，网络可通过2G/4G连接至移动公用网络与主站服务器通信。

终端节点和集中器可直接进行信息交互，有效减少网络复杂性和能量损耗，延长电池寿命。

（三）无线远传抄表系统特点

以低功耗广域网组网应用 LoRaWAN 为代表的无线远传抄表系统有以下特点：

1. 工作频段为非授权 ISM 频段，搭建网络灵活，部署成本低，无流量资费。

2. 传输距离远，覆盖范围广。

3. 相同链路预算值下 LoRa 所需要的发射功率小，功耗更低。

4. 融合了数字扩频和前向纠错编码技术抗干扰能力强。

5. 受制于国家政策和 LoRa 商业联盟的发展。

七、无线远传抄表通信技术

随着无线通信技术不断进步，智能燃气表的远程通信得到逐渐使用和广泛推广，使得燃气表远程通信更加方便、快捷，为智能燃气表的管理和服务提供了更多便利。我国人口密度高、分布广、布局复杂、用户需求复杂，对智能燃气表的无线通信提出了更高的要求，各智能燃气表厂家和燃气公司对此进行了大量的研究，推出了多种无线通信方式的产品。现在市场上各种产品主要的无线通信方式一般有4种：GFSK 调制解调、LoRa 扩频、NB-IoT、GPRS。在非授权频段应用上主要是 GFSK 调制解调和 LoRa 扩频。下面对两种通信技术进行介绍。

无论是哪种通信技术，调制技术都是必不可少的最基本内容，不同的通信系统和通信环境有不同的调制和解调技术。一般来讲，现代数字调制由于涉及宽带和多符号调制，复杂度提高，直接在射频上进行所有调制难以实现，因此大多在基带进行符号调制后再在射频上进行载频调制，即基带调制和射频调制。基带调制的目的，是把需要传输的原始信息在时域、频域或者码域上进行处理，把数据形成适于射频传输的 L/Q 两路符号，用尽量小的带宽传输尽量多的信息，提高信道利用率。射频调制是把基带调制的 L/Q 信号复合调制在某一射频载频的相位上，这样信号才能够以无线的方式发射到空间，也叫作频谱搬移。为了保证通信效果，克服远距离信号传输中的问题，必须要通过调制将信号频谱搬移到高频信道中进行传输，这种将要发送的信号加载到高频信号的过程就叫调制。通常有三种最基本的调制方法：调幅（ASK）、调相（PSK）和调频（FSK）。

（一）GFSK 调制技术

高斯频移键控 GFSK（Gauss Frequency Shift Keying），是在调制之前通过一个高斯低通滤波器来限制信号的频谱宽度，以减小两个不同频率的载波切换时的跳变能量，使得在相同的数据传输速率时频道间距可以变得更紧密。它是一种连续相位频移键控调制技术，起源于 FSK。但 FSK带宽要求在相当大的程度上随着调制符号数的增加而增加。而在工业，科学和医用 433MHz 频段的带宽较窄，因此在低数据速率应用中，GFSK调制采用高斯函数作为脉冲整形滤波器可以减少传输带宽。由于数字信号在调制前进行了 Gauss 预调制滤波，因此 GFSK 调制的信号频谱紧凑、误码特性好，在数字移动通信中得到了广泛使用（高斯预调制滤波器能进一步减小调制频谱，它可以降低频率转换速度，否则快速的频率转换将导致向相邻信道辐射能量），图 2-18 为 GFSK 调制框图。

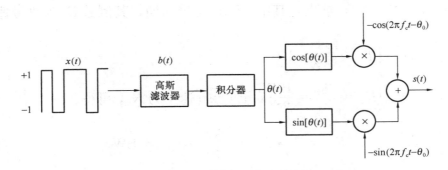

图 2-18　GFSK 调制框图

（二）LoRa 调制技术

2013 年 8 月，Semtech 公司向业界发布了一种新型的基于 1GHz 以下频谱的超长距低功耗数据传输技术（LoRa，Long Range）的芯片。LoRa调制技术由线性调频扩频技术改进而来，采用一个在时间上线性变化的频率啁啾（chirp）对信息进行编码。由于啁啾脉冲的线性特质，收发装置间的频偏等于时间偏移，很容易在解码器中消除，这也使得LoRa调制可以不受多普勒效应的影响。收发器之间的频偏可达带宽的20%而不影响解码效果，这使得发射器的晶振无需做到高度精准，从而可降低发射成本。LoRa接收器能够自动跟踪它收到的频率chirp，提供－137 dBm的灵敏度。LoRa主要面向物联网应用，与业界其他先进水平的Sub-GHz芯片相比，最高的接收灵敏度改善了20 dB以上。使用该方式对信号调制，理论上信号可传输的可视距离高达15km，在城市环境中可达3km，这意味着用户可以使用简单的单跳网络便可以建立部署网络，相较于GFSK网络省去了中继器的成本支出，从而大大简化了系统设计的复杂性，大幅降低了网络的部署成本。

LoRa调制主要有三个参数：带宽（BW，Band Width）、扩频因子（SF，Spreading Factor）和编码速率（CR，Code Rate）。它们影响了调制的有效比特率、抗干扰及噪声的能力以及解码的难易程度。

BW是最重要的参数。一个LoRa符号由2^{SF}个chirp组成，有效编码了SF个比特信息。在LoRa中，chirp速率在数值上等于BW，即一个chirp每秒每赫兹的带宽，见式（2-3）。SF每增加"1"，chirp的频率跨度就缩小为原来的1/2，持续时长增加一倍。但这不会导致比特速率的降低，因为每个符号会多传一个比特的信息。给定SF，符号速率和比特速率正比于BW，BW扩大一倍，这两者都会增加一倍。以上关系可由式（2-1）、式（2-2）推出，其中，T_s是符号周期，其倒数R_s为符号速率。

$$\begin{cases} T_s = \dfrac{2^{SF}}{BW} & (2\text{-}1) \\[3mm] R_s = \dfrac{1}{T_s} = \dfrac{BW}{2^{SF}}，记\ chirp\ 速率为\ R_c，可得： & (2\text{-}2) \end{cases}$$

$$R_c = R_s \cdot 2^{SF} = \frac{BW}{2^{SF}} \cdot 2^{SF} = BW \qquad (2\text{-}3)$$

LoRa包含前向纠错编码，编码速率为CR。

$$CR = \frac{n}{n+4}，n \in \{1,2,3,4\} \qquad (2\text{-}4)$$

结合式（2-1）～式(2-3)，可得有用比特速率R_b：

$$R_b = \text{SF} \cdot \left(\frac{\text{BW}}{2^{\text{SF}}}\right) \cdot \text{CR} \qquad (2\text{-}5)$$

上述三个参数还会影响解码器的传输时间和灵敏度。

扩频因子、编码率、宽带对传输时间及灵敏度的影响见表 2-2～表 2-4。

扩频因子对传输时间及灵敏度的影响　　　　　　　　　　表 2-2

扩频因子	传输时间（ms）	灵敏度（dBm）
12	397.3	−135
11	198.7	−133
10	99.3	−130
9	49.7	−127
8	24.8	−124
7	15.5	−124

编码率对传输时间及灵敏度的影响　　　　　　　　　　表 2-3

编码率	传输时间（ms）	灵敏度（dBm）
1(4/5)	47.6	−137
2(4/6)	49.7	−137
3(4/7)	51.7	−137
4(4/8)	53.8	−137

带宽对传输时间及灵敏度的影响　　　　　　　　　　表 2-4

宽带（kHz）	传输时间（ms）	灵敏度（dBm）
500	49.7	−127
250	99.3	−130
125	198.7	−133
62.5	397.3	−136
41.7	595.5	−138
31.3	794.6	−139

从以上的分析及测试中我们可以得出以下结论：LoRa 数据包的空中传输时间随着带宽的增加而减少，但是却随着扩频因子、编码率、负载长度以及前导码长度增加而增加，且数据的传输时间越长，信号的通信质量及灵敏度越高。LoRa 调制技术在保证较远的传输距离的同时是以牺牲传输速率为代价的。因此在不同的应用场景中应该灵活地进行参数调整，从而在带宽、灵敏度以及数据的传输时间做出一个较好的平衡。

（三）GFSK 和 LoRa 通信的特点

GFSK 和 LoRa 参数对比　　　　　　　　　　　　　　　　表 2-5

	GFSK	LoRa
通信距离	接收灵敏度：—121dBm 城市建筑物稠密：<1km 郊区建筑物稀疏：<3km	接收灵敏度：—137dBm 城市建筑物稠密：<3km 郊区建筑物稀疏：<15km
频率	433/470～510MHz； 868/902～928MHz	433/470～510MHz； 868/902～928MHz
功耗	接收电流 15mA， 发射电流最大 100mA	接收电流 13mA， 发射电流最大 100mA
链路预算值 （发射功率 50mW）	—138dBm	—154dBm
传输速率	1～40kb/s	0.3～50kb/s

从表 2-5 可知 LoRa 和 GFSK 有以下特点：

1. 均为非授权 ISM 频段，搭建网络灵活，部署成本低。

2. LoRa 具有更远的传输距离，在网络中可有效减少中继路由，降低系统成本。

3. 相同链路预算值下 LoRa 所需要的发射功率更小，功耗更低。

4. 融合了数字扩频和前向纠错编码技术灵敏度可高达—137dBm，相较于 GFSK 在抗干扰方面提升了 16dB。

5. 同样的传输带宽下，LoRa 调制技术的传输速率不及 GFSK 调制技术高。

（四）LoRaWAN

LoRaWAN 是为 LoRa 远距离通信网络设计的一套通信协议和系统架构，是一种媒体访问控制（MAC）层协议。在协议和网络架构的设计上，充分考虑了节点功耗、网络容量、QoS、安全性和网络应用多样性等几个因素，为 LoRa 无线通信大规模组网应用打下了坚实基础。

LoRaWAN 的网络实体分为四个部分：终端节点、网关、LoRaWAN 服务器和用户服务器。

1. 终端节点（End Node）：终端节点一般是各类传感器，进行数据采集，开关控制等。

2. 网管（Gateway）：LoRa 网关，对收集到的节点数据进行封装转发。

3. 网络服务器（NetworkServer）：主要负责上下行数据包的完整性校验。

4. 应用服务器（ApplicationServer）：主要负责 OTAA 设备的入网激活，应用数据的加解密。

5. 用户服务器（CustomerServer）：从 AS 中接收来自节点的数据，进行业务逻辑处理，通过 AS 提供的 API 接口向节点发送数据。

图 2-19 是 LoRaWAN 网络架构。

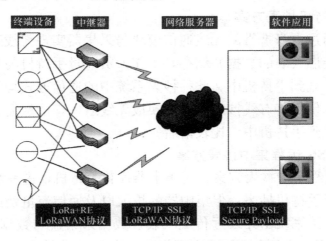

图 2-19　LoRaWAN 网络架构

基于 LoRaWAN 的智能燃气抄表应用。

LoRaWAN 协议在 LoRa 技术功耗低、通信距离远的优势基础上，规范了以 LoRa 作为长距离通信链路的物理层时网络的结构，适用于燃气抄表数据量少、通信距离远、对实时性要求不高的应用特点，同时满足了低功耗的要求，兼顾组网灵活简单、网络扩展方便、易于管理等特点。LoRaWAN 协议采用星形组网，针对不同的扩频因子，数据包负载长度从 51～223 不等，且集中器作为透明传输使用，方便后期网络扩张。同时 LoRaWAN 支持多信道通信、信道修改等，对于开放频段的无线设备，保障了长期通信的稳定性，降低其他无线设备对终端的干扰。

八、无线远传抄表方案

无线远传表利用短距离无线网络将燃气表的计量数据传输到电子数据采集器/集中器，采集器/集中器和数据中心之间可以选择 GPRS、CD-MA、3G/4G 或短信的通信方式。短距离无线网路一般采用调制解调通信技术，而智能燃气表远程无线技术中最为常见的有 GFSK 高斯频移键控技术和 LoRa/LoRaWAN 扩频技术。GFSK 高斯频移键控技术是把输入数据经高斯低通滤波器预调制滤波后，再进行 FSK 调制的数字调制方式。它具有恒幅包络、功率谱集中、频谱较窄等特性。LoRa 扩频技术是一种专用于无线电调制解调的技术，融合了扩频技术、前向纠错编码技术以及数字信号处理技术，使其传输距离变长，无需中继器，功耗降低，抗干扰性和安全性也得以提高。

（一）手持机抄表方案

燃气表通过自身携带的无线通信模块与采集器实现无线通信，采集器定期主动采集燃气表的数据并储存，工作人员通过手持机与采集器通信将表中的数据下载到手持机中。此种抄表系统中的通信方式均为短距离通信网络。该技术仅仅将有线抄表技术更换成无线通信，依然需要工作人员定期将数据下载到手持机中，比较落后。

（二）GFSK 远程集中抄表方案

GFSK 远程集中抄表方案，用集中器代替手持机，进一步减少了人工成本，改善了手持机抄表；但集中器的投入以及通信流量费用的产生，造成成本较高。该系统由无线远传燃气表、数据采集器与数据集中器构成，采用 GFSK 高斯频移键控技术实现燃气表与采集器的通信。燃气表与数据采集器采用短距离通信网络，数据采集器与数据集中器之间多采用电力载波通信（利用已布置的电线）或一些标准的自组网网络通信，集中器与燃气企业后台管理系统采用 GPRS 通信。

（三）LoRa 远程集中抄表方案

LoRa 技术是由全球知名模拟混合信号与半导体供应商 Semtech 公司发布的一种专用于无线电调制解调的技术，融合了数字扩频技术、数字处理技术和前向纠错编码技术，拥有前所未有的性能。由于 LoRa 技术融合了多项先进技术，综合了多种技术的优越性，其最大的特点在于可以在同等功耗下取得更远的通信距离，功耗降低，抗干扰性和安全性也得以提高，主要适用于低速率通信，如燃气表抄表、水表抄表、温湿度监测灯光控制等。

LoRa 远程集中抄表方案，由无线远传燃气表和数据集中器构成，主要是利用 LoRa 所融合的前向纠错编码技术和扩频调制技术。虽然 LoRa 技术比 GFSK 技术性能更优，但 LoRa 射频芯片的价格比传统调制技术的芯片高许多，提高了远传燃气表的成本，而且存在传输速率和传输的实时性较差，通信信息量少等问题，需要进一步发展。

（四）LoRaWAN 远程集中抄表方案（图 2-20、图 2-21）

LoRaWAN 远程集中抄表方案由远传燃气表、网关、网络服务器、应用服务器组成。网关和燃气表之间采用星形网络拓扑结构，基于 LoRa 的长距离特性，无需中间设备，实现点对点传输。燃气表主动发送数据给多个网关，网关对网络服务器和燃气表之间的数据做转发处理，实现燃气表的远程抄表、阀控、异常上告等功能，提高燃气公司抄表效率，达到居民用气智能化管理的目的。与 LoRa 远程集中抄表方案相比较，LoRaWAN 抄表方案中将网关取代了中继器和集中器。

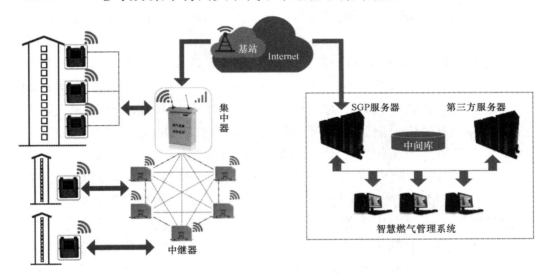

图 2-20　LoRa 远程集中抄表方案

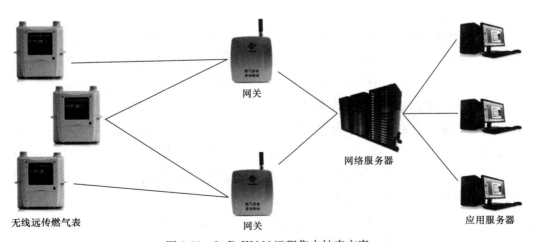

图 2-21　LoRaWAN 远程集中抄表方案

第三节　物联网智能燃气表

远传燃气表利用有线或短距无线通信（GFSK/LoRa 等）的方式，实现了燃气表与燃气公司远程管理平台之间的信息传输，在一定程度上满足了燃气公司对远程抄表和远程安全阀控的需求，但在数据、监控和阀控及时性和数据安全性方面依然存在问题，并且存在前期人工组网投入较大，后期网络维护和抄表人员成本的持续性投入等问题，在此基础上发展起来的物联网燃气计量表，借助电信的 4G/5G 基础设施很好地解决了这一问题。

"物联网"（the Internet of Things）的概念是在 1999 年由美国麻省理工学院首次提出，该学院建立了"自动识别中心（Auto-ID）"。美国自动识别中心建立在物品编码、射频识别技术（RFID）和互联网基础上，首次提出了"万物皆可通过网络互联"，阐明了物联网的基本含义，但这一时期还只是依托射频识别技术（RFID）的物流网络。2005 年，在突尼斯举行的信息社会世界峰会（WSIS）上，国际电信联盟（ITU）发布《ITU 互联网报告 2005：物联网》，才正式提出了"物联网"的概念。此时的物联网不再只应用于物流网络，它的定义和范围也已经延伸得很广，开始不仅局限于射频识别技术（RFID）了。这一时期的物联网涵盖了传感器技术、射频识别技术（RFID）、纳米技术、智能嵌入技术等很多先进信息化技术。物联网的出现被认为是第三次信息技术革命，是计算机科学技术的新挑战。

狭义的物联网指的是"物—物相连的互联网"。物联网通信无所不在，所有的物体，从洗衣机到冰箱、从房屋到汽车都可以通过物联网进行信息交换。中华人民共和国国民经济和社会发展第十二个五年规划纲要中阐述物联网的定义：通过射频识别（Radio Frequency Identification，RFID）、红外感应器、全球定位系统、激光扫描器等信息传感设备，按约定的协议，把任何物品与互联网相连接，进行信息交换和通信，以实现智能化识别、定位、跟踪、监控和管理的一种网络概念。物联网技术将是改变人们生活和工作方式的重要技术。

中国在物联网领域起步并不晚，甚至同很多国家相比还具备先发优势，最初称之为"传感网"。早在 1999 年，中国科学院就开始了传感网的研究，并在当年在美国召开的移动计算和网络国际会议上，提出了"无线传感网是下一个世纪人类面临的又一个发展机遇"。在整个世界传感网领域，中国都有着重大的影响力，我国与德国、美国、韩国一起是国际标准制定的主导国。

一、物联网概念与原理

顾名思义，物联网就是物物相连的互联网，一个覆盖世界上万事万物的互联网。物联网是通过射频识别、红外感应器、全球定位系统、激光扫描器等信息传感设备，按约定的协议，把任何物品通过互联网连接起来，进行信息交换和通信，以实现智能化识别、定位、跟踪、监控和管理的一种网络。

物联网的核心和基础仍然是互联网，是在互联网基础上的延伸和扩展的网络；其用户端延伸和扩展到了任何物品与物品之间进行信息交换和通信。

物联网主要包括三个层次，第一个层次是传感器网络，也就是目前所说的包括 RFID、条形码、传感器等设备在内的传感网，主要用于信息的识别和采集；第二个层次是信息传输网络，主要用于远距离无缝传输来自传感网所采集的巨量数据信息；第三个层次是信息应用网络，该网络主要通过数据处理及解决方案来提供人们所需要的信息服务。

预计物联网产业要比互联网大 30 多倍。物联网产业链可以分为标识、感知、处理和信息传送四个环节，每个环节的关键技术分别为 RFID、传感器、智能芯片和电信运营商的无线传输网络。

物联网中重要的技术是射频识别技术，是 20 世纪 90 年代出现的一种先进的非接触自动识别技术。以简单 RFID 系统为基础，结合已有的网络技术、数据库技术、中间件技术等，构筑一个由大量联网的阅读器和无数移动的标签组成的、比 Internet 更为庞大的物联网。在物联网中，RFID 标签中存储着规范而具有互用性的信息，通过无线数据通信网络把它们自动采集到中央信息系统，实现物品的识别，进而通过计算机网络实现信息交换和共享，实现对物品的透明管理。

物联网将物理基础设施和 IT 基础设施分离。利用物联网，将建筑物、电缆与芯片、宽带等整合为统一的基础设施。建立物联网需要有规模，才能使物品的智能发挥作用，必须保持物品在运动状态，甚至高速运动状态下都能随时实现对话。

二、物联网发展现状概述

（一）射频识别技术

2009 年 10 月 24 日，中国的物联网"唐芯一号"芯片研制成功，"唐芯一号"芯片是一颗 2.4G 超低功耗射频可编程片上系统 PSoC，可以满足各种条件下无线传感网、无线个域网、有源 RFID 等物联网应用的特殊需要，为我国的物联网产业的发展奠定了基础。无线网络是实现物联网必不可少的基础设施，安置在电子介质产生的数字信号可随时随地通过无处不在的无线网络传送出去。对物联网后端技术的研究和发展，可以实现数以亿计的各类物品的实时动态管理。

（二）又一场科技革命

物联网使物品和服务功能都发生了质的飞跃，强大的功能将给使用者带来进一步的效率、便利和安全，由此形成新兴产业。

（三）发展潜力巨大

物联网需要信息高速公路的建立，移动互联网的高速发展以及宽带的普及是物联网海量信息传输交互的基础。依靠网络技术，物联网将生产要素和供应链进行深度重组，成为信息化带动工业化的现实载体。物联网产业链将创造巨大的产值，成为后 3G 时代最大的市场热点。

（四）技术创新的产物

物联网是技术创新的产物，物联网的发展是以移动技术为代表的普适计算发展的结果。它带动的不仅仅是技术进步，而是通过应用创新进一步带动经济社会形态、创新形态的变革。开放创新、共同创新、大众创新、用户创新成为知识社会环境下的创新特征，以人为本的创新随着物联网技术的发展成为现实。

（五）信息安全体系

装入射频自动识别芯片的物品，可以被物品的拥有者利用物联网系统方便地进行管理。在感知、传输、应用过程中，要保证有价值的灵敏信息的安全性，需要强大的安全体系，这对于管理平台的提供者是非常复杂的难题。

（六）大规模数据处理

物联网的应用出现了大规模的数据，如果地球上的所有物体都被标识，他们的所有属性信息都转变为在物联网内流通，这对现有网络的数据管理预处理机制提出新的挑战。为应对这一挑战，须建立大规模数据中心和强大的物联网搜索引擎等。

（七）物联网生态构建

物联网的构建，必须有各个行业的参与，根据行业的特点，进行物联网研究和开发工作。物联网应用不能仅依靠运营商或物联网企业，因为运营商和技术企业都无法完全理解行业要求和行业的业务特点。

三、物联网智能燃气表

物联网智能燃气表由膜式燃气表基表、智能控制模块、通信模块和电机阀组成，集感知技术、控制技术、物联网技术为一体，基于物联网专用通信模块，采用机械计量、电子计量、机电转换、智能阀控、信息安全管理、一体化结构设计、低功耗通信等技术，是物联网技术在仪表行业的典型应用。

物联网智能燃气表作为物联网系统中的一个终端设备，通过物联网网关、通信基站，实现燃气公司远程管理平台与燃气表的远程通信和数据交换。燃气表不仅支持远程管理平台的远程抄表、充值、无卡预付费、价格调整、安全阀控、实时监控管理等功能，还支持用户手机 APP 查询缴费、远程阀控、数据推送等智慧化服务。在智能控制和信息安全方面，物联网智能燃气表具有实时远程抄表、实时远程阀控、实时阶梯气价、实时远程调价、实时远程充值、实时远程监控等智慧化管理功能，以及高级密钥加密、身份认证、MAC 数据校验、CRC 校验、数据历史追溯、ID 管理等信息安全技术，图 2-22 为物联网燃气表应用解决方案。

物联网智能燃气表是一款基于移动运营商物联网专网，采用物联网专用移动通信模块，以膜式燃气表为基表，加装远传电子控制器，实现数据远传及控制的燃气计量表具综合管理平台。物联网燃气表能与管理系统配合实现无卡预付费、远程阀控、阶梯气价、价格调整等功能，要求表计端和管理系统均要能实现预付费功能，并支持手机 APP 查询缴费、实时监控管理、报警功能及大数据分析功能，是燃气公司实现智能化管理的最优方案，大大提高了燃气公司的管理效率。

物联网智能燃气表具有以下关键功能：

（一）远程数据双向通信

在日常使用过程中，物联网智能燃气表定时自动把计量信息及表的运行状态信息，包括电池电量、阀门状态、恶意对表具攻击等信息，通过通信模块与后台管理系统进行数据双向通信。

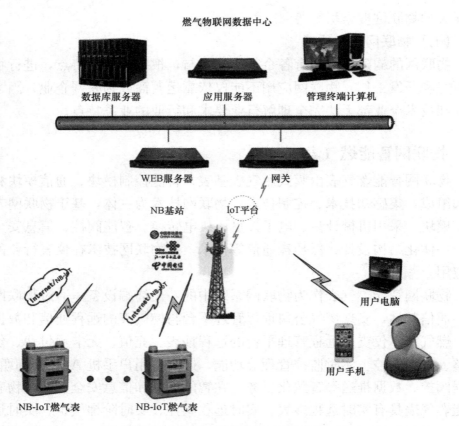

图 2-22　物联网燃气表应用解决方案

（二）表端远程智能控制

在智能控制方面，物联网智能燃气表具有实时远程抄表、实时远程阀控、实时阶梯气价、实时远程调价、实时远程充值、实时远程监控等智慧化管理功能，还支持用户手机 APP 查询缴费、数据推送等智慧化服务。

（三）信息安全保护

物联网智能燃气表可扩展结合高级密钥加密、身份认证、MAC 数据校验、CRC 校验、数据历史追溯、ID 管理等信息安全技术。

（四）双管理通道

物联网智能燃气表支持双管理通道。通常所说的第二管理通道指的是除了本身具备的 TCP/IP 网络数据通信管理功能之外，通过其他数据传输模式对表具进行管理的信息传输通道。

一般物联网表具除了可以通过 TCP/IP 网络与云平台进行交互外，还可以通过红外及蓝牙第二通道管理设备对表具进行参数设置及阀门控制等。同时，为了保证表具的正常使用，当存在物联网表与 IC 卡表混装的情况时，安装了 IC 卡表读卡槽作为用户第二种充值通道，确保在通信不畅的情况下也能正常使用燃气表。

（五）双电源供电

采用内置长效锂电池（寿命 10 年以上）加外置干电池的双电源供电方案，两种电源自动切换，保证燃气表在外电干电池电量不足的情况下，对燃气表数据状态的抄读和阀门的控制；当无外电时，依然可以正常记录表具异常状态和事件，当外电干电池重新上电时，主动将事件传回服务器。

（六）移动拆卸报警

物联网智能燃气表采用手机上大量使用且成熟的 3D 芯片技术，可以实现当燃气表发生移动或者大幅度晃动时，燃气表会发出声光报警，关闭阀门并将故障上报到燃气公司管理系统，杜绝了燃气用户拆卸表具盗气等行为。

（七）开阀保护

当物联网智能燃气表由于剩余量不足及其他故障引起阀门关闭时，表具开启开阀保护功能，即必须在人工干预下才可以开启表具阀门，否则会引起用户不在表前，燃气表自动开阀引起的燃气泄漏安全问题。在充值完成及清除相应故障后，需要按一下"查询"按键，才可以激活开启表具阀门。这样设计的目的是，在确认安全的前提下，对燃气表开阀动作进行人工保护干预，以免发生不可控制的情况。

（八）温度压力补偿

物联网智能燃气表与其他智能燃气表一样均支持温度压力补偿功能。天然气是可压缩气体，在不同的温度和压力下计量的数值会存在误差；如果温度降低 10℃，非温压补偿燃气表计量误差会增大 3.4%，如果燃气表安装在室内，温度变化很小，但在同一条燃气管道中，上游和下游，甚至距离相差不远的管段之间，压力难以相同，仍然会产生不小的计量误差；如果燃气表安装在室外，冬季与夏季温差约 30℃，燃气表计量误差达 9% 左右，因此温压补偿对燃气计量非常重要。

燃气表在实际环境中不可避免受到温度、压力变化的影响，而燃气在不同的温度和压力影响下，体积会发生变化，因此采用温度和压力气态方程补偿修正技术，使得计量燃气体积修正到温度为 20℃、大气压力为

101.325kPa 时的体积，即将工况体积修正为标况体积，用于结算，提高交易结算的准确性和公平性。

四、物联网燃气表取信技术

取信技术，即信息获取技术，是指能够对各种信息进行测量、存储、感知和采集的技术。物联网燃气表可通过霍尔、光电直读、摄像直读等方式实现取信。

（一）霍尔取信

燃气表上有一对能够流通的进出气口，当燃气从表具内部流过时，会引起相应的机械传动齿轮发生转动。将小磁块安装在齿轮的固定位置上，并在传动齿轮相对的合适的位置处装上霍尔传感器。当磁块随齿轮每次转动至霍尔传感器处时，会引起霍尔传感器所处的环境磁场发生变化。由于霍尔效应的原因，便会在霍尔传感器中产生相应大小的霍尔电势值。通过脉冲计数器测量产生的霍尔电势的脉冲数量，就能得到齿轮的转动圈数，最后由齿轮转动速度与燃气流量的关系就能得到燃气的使用量。

（二）光电直读取信

光电直读式燃气表工作原理是：在计数器个、十、百、千、万位字轮上开有五位编码透光槽，每个字轮中间装有线路板，线路板上一边有 5 只红外发射管，另一边有 5 只红外接收管。红外接收、发射管的位置一一对应，实现了机械字轮数字 0~9 的硬件编码和译码。线路板固定在计数器框架的槽口内，不易移位和变形。两个线路板之间夹一个透光字轮，当字轮走到某一位置时，该字轮右边 5 个红外发光管接到抄表指令全部发光，左边 5 个红外接收管也会同时接收。某一位接收管收到光信号就出现高电平，变成二进制代码数据信号传给数据处理器的 CPU 进行处理，处理器将 5 个字轮的电信号数据进行分析处理后再转换成数字信号传给集中器，以获得字轮的读数。

（三）摄像直读取信

摄像直读抄表是通过图像传感器进行字轮拍摄、图像处理和数值识别，并通过适当的远传方式进行抄表数据和图像远传的抄表方式。其关键技术包括图像采集技术、数字图像识别技术及远传技术，并通过适当的结构设计将电子装置安装到机械字轮基表上。摄像直读抄表通过微功耗 CMOS 图像传感器实现图像采集，通过具有较高运算能力的微控制器和相应算法实现图像处理和数字识别。摄像直读抄表所使用的数字识别技术与现有数字识别技术有较大区别：现有数字（文字）识别技术主要识别固定形态字符，而抄表装置所拍摄的表盘数字一直处于计量变化过程中，可能出现整字、双半字、整字半字混合出现的情况，且受现场环境的影响可能出现水雾等情况。

五、物联网燃气表无线通信技术

物联网是被称之为继计算机、互联网之后世界信息产业发展的第三次浪潮。

物联网的无线通信技术很多，主要分为两类：一类是 Zigbee、Wi-Fi、蓝牙、Z-wave 等短距离通信技术；另一类是广域网通信技术 LPWAN（low-power Wide-Area Network，低功耗广域网），LPWAN 又可分为两类：一类是工作于未授权频谱的 LoRa、SigFox 等技术；另一类是工作于授权频谱下，3GPP 支持的 2/3/4G 蜂窝通信技术，比如 EC-GSM、LTE Cat-m、NB-IoT 等，几种信号无线技术对比见表 2-6。

几种信号无线技术对比　　　　　　　　　　表 2-6

名称	Wi-Fi	蓝牙	Zigbee	UWB 超宽带	RFID	NFC
传输速度	11～54Mb/s	1Mb/s	100kb/s	53～480Mb/s	1kb/s	424kb/s
通信距离	20～200m	20～200m	2～20m	0.2～40m	1m	20m
频段	2.4GHz	2.4GHz	2.4GHz	3.1GHz 10.6GHz	—	13.56GHz
安全性	低	高	中等	高	—	极高
功耗	10～50mA	20mA	5mA	10～50mA	10mA	10mA
成本	25 美元	2～5 美元	5 美元	20 美元	0.5 美元	2.5～4 美元
主要应用	无线上网、PC、PDA	通信、汽车、IT、多媒体、工业、医疗、教育等	无线传感器、医疗	高保真视频、无线硬盘等	读取数据、取代条形码	手机、近场通信

LTE-M，即 LTE-Machine-to-Machine，是基于 LTE 演进的物联网技术，基于现有的 LTE 载波满足物联网设备需求。在 R12 中叫 Low-Cost MTC，在 R13 中被称为 LTE enhanced MTC（eMTC），为了适应物联网应用场景，3GPP 在 R11 中定义了最低速率的 UE 设备为 UE Cat-1，其上行速率为 5Mb/s，下行速率为 10Mb/s。到了 R12，3GPP 又定义了更低成本、更低功耗的 Cat-0，其上下行速率为 1Mb/s。主要是进一步适应于

物联网传感器的低功耗和低速率需求。

第四节　5G/NB-IoT 物联网燃气表

纵观物联网的发展史，"物联网"概念随着技术的不断进步，其内涵和外延也在不断演进和发展。根据传播距离的不同，物联网的通信技术可分为短距通信和广域网通信技术。短距通信技术主要包括蓝牙（Blue tooth）、ZigBee、Wi-Fi 等。广域网通信技术可分为未针对物联网业务进行专门优化的传统移动通信技术（如：2G、3G、4G 等）和针对物联网业务进行了专门优化的 LPWAN 低功耗广域网（Low Power Wide Area）技术。目前全球电信运营商构建的 2G、3G、4G 等移动通信网络，其主要应用场景是面向人与人的通信，尽管有相当数量的物联网终端接入网络（如采用 2G 承载低速率应用，4G 承载高速率应用），但实际上并未针对物与物、人与物的通信进行专门优化。根据技术来源的不同，广域物联网又可分为基于移动通信设计的移动物联网以及基于 IT 通信设计的非移动物联网。

LPWAN（Low Power Wide Area，低功耗广域网）是一项可同时满足覆盖范围和电池使用寿命需求的技术，它能以极小的功耗提供最长距离的覆盖范围，而且数据速率仅略微下滑。很多智慧城市和智能公用事业应用，例如智能计量、智能路灯、湿度传感器、可穿戴设备、智能门禁、智能停车等，对数据速率的要求不高，但却需要非常宽广的覆盖范围。但是在 2018 年前，低功率广域网络 LPWAN 领域一直被 LoRa/LoRaWAN、SigFox、zigbee 等国外技术垄断，其使用成本一直居高不下，并且应用效果也不甚理想。在中美贸易冲突之后，使用国外 LPWAN 技术的风险越来越高。

NB-IoT（Narrow Band Internet of Things），基于蜂窝的窄带物联网成为万物互联网络的一个重要分支。NB-IoT 构建于蜂窝网络，只消耗大约 180kHz 的带宽，可直接部署于 GSM 网络、UMTS 网络或 LTE 网络，以降低部署成本、实现平滑升级。

NB-IoT 是 IoT（Internet of Things，物联网）领域一个新兴的技术，支持低功耗设备在广域网的蜂窝数据连接，具有可以穿透墙壁和金属导管的长距离传播特性，属于低功耗广域网（LPWAN）领域范畴。NB-IoT

支持待机时间长、对网络连接要求较高设备的高效连接。NB-IoT 设备 PSM 模式只有 $3\mu A$ 电流消耗，电池寿命可以提高到至少 10 年，同时还能提供非常全面的室内蜂窝数据连接覆盖。

对于物联网标准的发展，华为的推进最早，同时主导和引领着 NB-IoT 标准的发展，具有完全的知识产权。2014 年 5 月，华为提出了窄带技术 NB M2M；2015 年 5 月融合 NB OFDMA 形成了 NB-CIOT；7 月份，NB-LTE 跟 NB-CIOT 进一步融合形成 NB-IoT；2016 年 6 月 16 日，NB-IoT3GPP R13 核心标准冻结，标志着 NB-IoT 正式进入规模商用阶段。

一、NB-IoT 技术介绍

（一）NB-IoT 技术特点

NB-IoT 是 3GPP 针对低功耗物联网业务进行深度优化的窄带移动物联网标准。2016 年 6 月，3GPP 正式发布 NB-IoT R13 标准。相比 eMTC，NB-IoT R13 支持更小的带宽（200kHz）；不支持 CQI 反馈；对信道、信令等做了进一步简化设计；支持重复传输，覆盖能力和 PSM 省电模式均获得进一步增强。为了简化设计和实现方式，同时降低成本，NB-IoT 不支持连接态切换和语音。NB-IoT 技术具有以下四大特点，见图 2-23。

超强覆盖 Super Cove~　　超低功耗 Low Power　　超低成本 Low Cost　　超大连接 Massive Conn~

图 2-23　NB-IoT 技术四大特点

相比国外的 LoRaWAN、SigFox、zigbee 等国外技术而言，NB-IoT 技术具有如下优点：

超强覆盖。在同样的频段下，NB-IoT 比现有的网络增益 20dB，相当于发射功率提升了 100 倍，即覆盖能力提升了 100 倍。现有的 TTI bundling 和 HARQ 重传技术也可以实现延长信号码元的传输时间。相关的提升覆盖的数值，在 VoLTE 的商用网络实践中已经证明可有效改善信号的覆盖范围。在编码方面，NB-IoT 采用 Turbo 编码，GPRS 采用卷积码，优势体现在对译码信噪比需求降低，对应覆盖距离有 3~4dB 的增强。对时延要求的降低以及在部分下行物理信道上采用功率增强（Power Boost），对信号覆盖有直接的增强。

超低功耗。低功耗特性是物联网应用的一项重要指标，NB-IoT 聚焦小数据量、小速率应用，因此 NB-IoT 设备功耗可以做到非常小，PSM 模式功耗低于 $5\mu A$，锂电池供电待机时间可以长达 10 年。

超低成本。低速率低功耗带来的是低成本优势，首先是模组成本方面，NB-IoT 芯片可以做得很小，成本较低，同时享有一定的政策扶持和补贴。其次，NB-IoT 直接部署于 GSM 网络、UMTS 网络或 LTE 网络，NB-IoT 终端直接与基站通信，即装即用，不需要购置网关和安装网关，因此，基于现有 4G Lite 技术，180kHz 的带宽占用，在现有 4G 基站上可以非常低的成本部署 NB-IoT 网络，降低部署成本、实现平滑升级。

海量连接。一个扇区可以支持 10 万个连接，支持低延时敏感度，具有超低的设备成本，低设备功耗和优化的网络架构。

安全可靠。首先，NB-IoT 的标准由华为、中兴和多家运营商牵头制定，而 LoRaWAN 等技术包括芯片被外国公司垄断，因此数据安全方面更加突出。其次，NB-IoT 采用重传技术，延长信号码元的传输时间。码元的重复传输事实上就是一个简单的信道编码，尽管降低了信息的传输速率，但是在解调或译码上的可靠性，特别是在低信噪比的接收环境下更加有效。比如理想下译码出错概率为 10%，重复次数增加，使得整体译码出错概率大大降低。

（二）NB-IoT 系统架构

NB-IoT 端到端系统架构如图 2-24 所示，主要由无线网、核心网、平台（如物联网平台）、应用服务器、终端组成。物联网垂直行业应用包含各种行业的智能化应用场景，建设基于 NB-IoT 技术的物联网垂直行业应用将趋于更加简单，分工也将更加明晰。本环节的参与者包括应用系统集成商、增值服务提供商等。

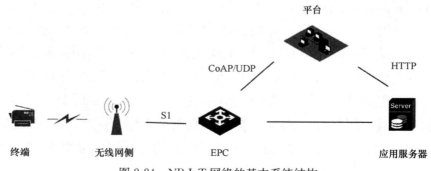

图 2-24　NB-IoT 网络的基本系统结构

1. 终端

终端：UE（User Equipment），通过空口连接到基站（eNodeB：e-volved Node B，E-UTRAN 基站）。NB-IoT 终端需满足基本功能、通信功能、业务功能、射频性能、卡接口能力、电磁兼容性等技术要求，具备 NB-IoT 网络接入能力。带 NB-IoT 模组的智能燃气表就是终端的一种。目前模组市场存在碎片化严重、兼容性低、缺乏规模效应等问题。

2. 无线网侧

无线网侧：包括两种组网方式，一种是整体式无线接入网（Singel RAN），其中包括 2G/3G/4G 以及 NB-IoT 无线网，另一种是 NB-IoT 新建。主要承担空口接入处理，小区管理等相关功能，并通过 S1- lite 接口与 IoT 核心网进行连接，将非接入层数据转发给高层网元处理。

3. 核心网

核心网：EPC（Evolved Packet Core），承担与终端非接入层交互的功能，并将 IoT 业务相关数据转发到 IoT 平台进行处理。

4. 平台

平台：平台包括面向用户的物联网能力开放使能平台、连接管理平台、空中写卡平台、业务网关等多个平台。为了向用户开放网络能力，物联网能力开放使能平台为终端设备提供设备接入、数据存储、数据路由和转发功能，为上层应用提供数据推送、设备管理、数据查询、命令下发等功能。

5. 应用服务器

应用服务器：以电信平台为例，应用 server 通过 http/https 协议和平台通信，通过调用平台的开放 API 来控制设备，平台把设备上报的数据推送给应用服务器。平台支持对设备数据进行协议解析，转换成标准的 json 格式数据。最终完成垂直行业相关数据的存储、转发、管理等功能。

（三）NB-IoT 技术应用场景

在华为等国内厂商的主导下，2020 年 NB-IoT 技术已经成为 5G mMTC 的标准之一，这意味着投资 NB-IoT 技术等于投资 5G 技术，NB-IoT 技术将在未来长期成为 5G 典型应用场景之一的 mMTC（即海量机器类通信，也称大规模物联网）物联网技术标准。

目前 NB-IoT 成为中国 LPWAN（low-power Wide-Area Network，低功耗广域网）领域的领导者，而华为、中兴等国内厂家拥有 NB-IoT 技术中的终端芯片、基站、核心网、云平台的完整知识产权和生态环境。从全球来看，目前中国拥有全球最大的 NB-IoT 覆盖网络，NB-IoT 终端数量全球第一，并且实现了 NB-IoT 模组、NB-IoT 终端设备及 IoT 平台的出口。同时，NB-IoT 定义了一系列的简化方案，主要包括：简化协议栈、简化 RF；简化基带处理复杂度，相对于普通 LTE，基带复杂度降低 10%，射频降低约 65%，更大程度上降低了设备的复杂性和投入成本。

现阶段主流 4G 网络虽然在一定程度上满足了移动网络信息数据交互的客观要求，便利了用户对于网络资源的获取，但是从物联网的角度来看，4G 环境下，其网络覆盖范围以及信息数据的传输能力难以真正实现数据的有效传输。同时蓝牙以及 ZigBee 等技术尽管能够实现数据的高效传输，但是由于其传输覆盖范围有效，无形之中增加了物联网通信技术的开发成本，因此其实用性大打折扣。NB-IoT 以蜂窝网络作为主要结构，因此使得其支持 M2M（Machine to Machine，是指数据从一台终端传送到另一台终端，也就是机器与机器的对话）体系下海量数据连接与更新，加之移动蜂窝连接的便捷性，这就在一定程度上增加了网络自身的覆盖面积，满足物联网环境下通信流程与环节的各项需求。例如在现有的技术条件下，在同样的带宽频段下，NB-IoT 网络增益超过 20dB，覆盖面积扩大 100 倍，这种覆盖能力，使得物联网的通信能力得到大大增强，实用性切实得到保障。

NB-IoT 低速率窄宽带物联网通信技术这种垂直化的发展趋势，极大地满足了物联网发展的需求，拓宽了物联网的应用范围，为相关技术的发展创造了良好的条件。在业务应用方面，面向市政、智能建筑、交通物流等领域的业务发展迅速，如水电气抄表、智能停车、公租房改造、智能消防、智能垃圾桶、环境监测、智能井盖、智能路灯、智慧景观、共享单车、可穿戴测试等。到 2016 年全球范围内智能水表的安装总数量已达到 3250 万块，占全球水表数量的 31% 左右，典型的 NB-IoT 技术应用场景见图 2-25。

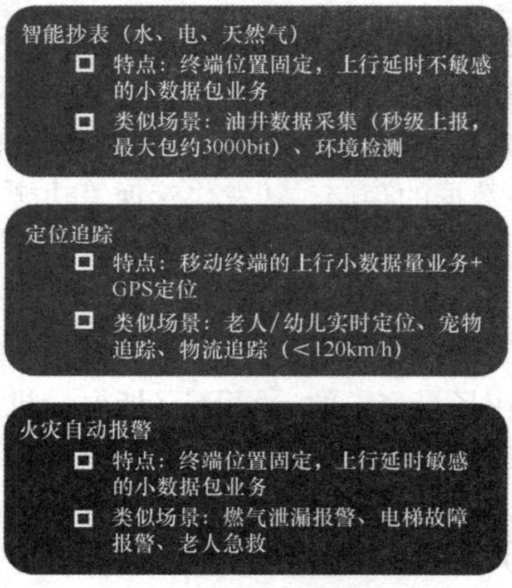

图 2-25　典型 NB-IoT 技术应用场景

NB-IoT 低速率窄宽带物联网通信技术通过对网络组织架构以及商

业模式的调整，使得 NB-IoT 的消费市场获得了长足发展。以 NB-IoT 为基础物联网实现了感知、云计算以及大数据为核心的组织结构，其在发展的过程中，通过扁平化的操作，实现了万物互联，其发展趋势集中体现在垂直应用场景之中。例如在城市公共基础设施的建设之中，以 NB-IoT 为核心，实现了智能水表、燃气表以及热能表的科学使用，在智慧城市构建的过程中，NB-IoT 低速率窄宽物联网通信技术能够实现小区停车的自动化、路灯控制的有效化。

二、NB-IoT 物联网燃气表

（一）NB-IoT 物联网燃气表介绍

NB-IoT 物联网燃气表，是一款基于运营商窄带蜂窝物联网络，以膜式燃气表/超声波燃气表为基表，加装电子控制器以及通信模组组成的智能燃气表。

NB-IoT 物联网燃气表在计量基表的基础上，结合物联网专网通信技术 NB-IoT，实现燃气表实时在线、自动化管理、无人化抄表、远程控制等功能，满足燃气公司对用气数据集中管理，产品涵盖民用、商用、工业等全系列物联网产品。采用云、管、端的设计架构，NB-IoT 物联网燃气表每天定时将数据通过 NB 网络传输至云平台，云平台收到数据后进行校验与分析，为燃气企业运营提供准确的数据依据。同时，用户可通过 APP、微信、支付宝等实现缴费、查询等业务办理，与燃气企业进行实时互动。

NB-IoT 物联网燃气表解决了传统智能燃气表安装时受到安装位置、小区环境以及户型结构等诸多影响的问题。NB-IoT 物联网燃气表预付费版产品还具有远程充值、远程调价等多种功能。NB-IoT 智能燃气表借助强大的 NB-IoT 基站，解决智能燃气表与燃气公司 IT 系统之间的可靠数据传送问题。NB-IoT 具有窄带物联网广覆盖、海量连接的优势，同一个基站区域内，可以链接大量的 NB-IoT 燃气表，并同时保证它们的联通率。与传统的物联网燃气表相比，进一步提升了抄表效率，从而实现了表具端的智能化管理、燃气表的快速抄读，有效降低燃气企业的运营和管理成本，图 2-26 是 NB-IoT 物联网燃气表通信网络架构。

（二）NB-IoT 物联网燃气表低功耗分析

NB-IoT 燃气表终端待机时间较长，待机时间可以高达 10 年。超长的待机与良好的功耗控制让 NB-IoT 燃气表在智能燃气表中更加的具有竞争

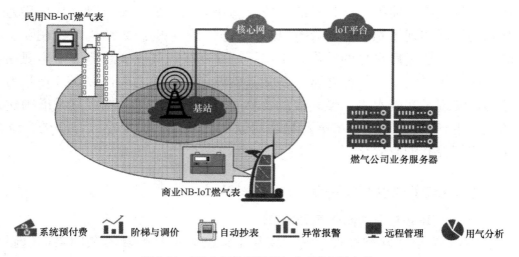

图 2-26 NB-IoT 物联网燃气表通信网络架构

优势。

电池供电的物联网燃气表在一个典型的运行周期中通常包括以下几种状态和活动：休眠，唤醒，执行基本任务（感应、测量、电机驱动），与其基站或对等节点通信，最后返回休眠状态。其中各种状态下的功耗各不相同，而电池电量最大的消耗状态主要来自模组与基站的通信。所以为了优化功耗，一方面，终端在活动状态下要降低联网通信阶段的电量消耗；另一方面，如果能够降低终端待机时候的静态电流，也能进一步降低整体的功耗，图 2-27 为物联网燃气表功耗模型。

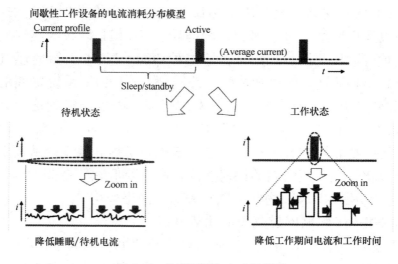

图 2-27 物联网燃气表功耗模型

低功耗是 NB-IoT 窄带 LPWAN 技术的最重要特点之一,PSM、eDRX 可以说是 NB-IoT 能够做到低功耗的两大关键因素。

1. PSM

PSM(Power Saving Mode)即低功耗模式,是 3GPP R12 引入的技术,其原理是允许 UE(User Equipment 终端)在进入空闲态一段时间后,关闭信号的收发和 AS(接入层)相关功能,相当于部分关机,从而减少天线、射频、信令处理等的功耗消耗,见图 2-28。

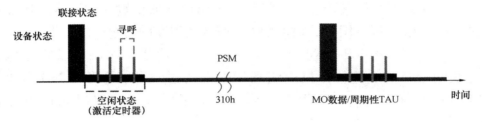

图 2-28 PSM 态低功耗模式原理说明

UE 在 PSM 期间,不接收任何网络寻呼,对于网络侧来说,UE 此时是不可达的,数据、短信、电话均进不来。只有当 TAU 周期请求定时器(T3412)超时,或者 UE 有 MO 业务要处理而主动退出时,UE 才会退出 PSM 模式、进入空闲态,进而进入连接态处理上下行业务。

燃气表应用场景下,对下行业务时延无要求。对于下行业务消息,可等待设备发送上行数据进入连接态后再发送,可进一步节省终端功耗。

2. eDRX

eDRX(Extended Discontinuous Reception)即扩展不连续接收模式,是 3GPP R13 引入的新技术。R13 之前已经有 DRX 技术,从字面上即可看出,eDRX 是对原 DRX 技术的增强:支持的寻呼周期可以更长,从而达到节电目的(图 2-29)。

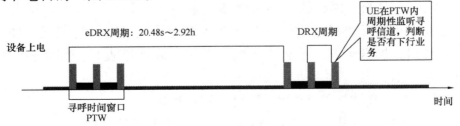

图 2-29 eDRX 低功耗模式原理说明

PSM 和 eDRX 虽然让终端耗电量大大降低，但都是通过长时间的"罢工"来换取的，付出了实时性的代价。对于有远程不定期监控（如远程定位，电话呼入，配置管理等）需求且实时性要求很高的场景，不适合开启 PSM 功能；如果允许一定的时延，最好采用 eDRX 技术，并将 eDRX 寻呼周期的设置尽量短些（根据可接受的时延要求，最短为 20s）。UE 可在 ATTACH 和 TAU 中请求开启 PSM 或（和）eDRX，但最终开启哪一种或两种均开启，以及周期是多少均由网络侧决定。对于远程燃气表监控，几乎不需要被控制，只需隔几天给服务器传输一次数据（比如用气量）就可以，所以用 PSM 模式可达到最大程度的省电。

图 2-30 是 NB-IoT 模组与传统的 2G 模组功耗对比，可以明显地看出在联网的峰值电流，待机电流和休眠电流这三种状态下，NB 模块的功耗控制得到了大幅度的提升。从而保障了燃气表待机时间可以高达 10 年。

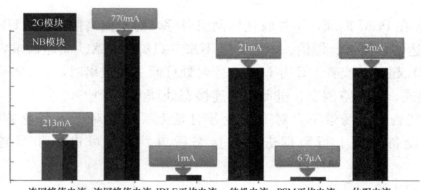

图 2-30　NB-IoT 模组与 2G 模组功耗对比

三、NB-IoT 智慧燃气解决方案

集成了 NB-IoT 模组的智能燃气表，通过 NB-IoT 网络把数据上传至第三方 IoT 平台，再推送至燃气公司业务管理系统，同时将燃气管理系统的业务数据先推送到 IoT 平台，再由 IoT 平台发送给表具，完成整个数据交换（图 2-31）。

NB-IoT 智慧燃气解决方案具有以下的功能：

1. 解决燃气公司入户抄表难和用户缴费充值难的问题；

2. 帮助燃气公司积极响应政府燃气售价的远程调价和系统阶梯气价

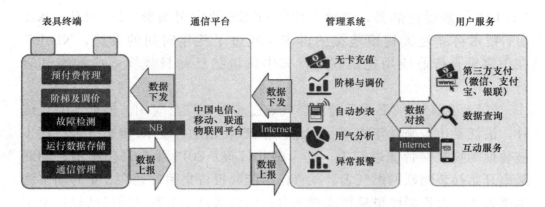

图 2-31　NB-IoT 物联网燃气表系统应用流程

设置；

3. 帮助燃气公司远程控制用户燃气表的开关阀；

4. 后台业务系统能远程监控燃气表具的故障和告警情况，并能反馈到用户处；

5. 系统通过用气高峰低谷统计，能进行输配管线压力调配；

6. 通过分析供气门站、管线、用户表具等各节点的气量数据，协助燃气公司的供销差管控；

7. 通过分析用户用气数据，得知用户的用气习惯，从而可以挖掘出其他增值服务和商业模式。

NB-IoT 是基于授权频谱组建的网络，在抗干扰性、数据安全性、技术服务等方面均有高安全保障。与其他的物联网燃气表相比较，NB-IoT 物联网燃气表具有数据的安全性更加可靠、更低的功耗、更广的网络覆盖范围、更大的设备接入数量的特点。

四、NB-IoT 给燃气表行业带来的革新

随着万物互联时代的到来，很多物联网应用场景都将接入无线通信。物联网智能燃气表早就有了基于 2G/3G/4G 的应用方案。但是以往的通信技术都无法满足现实的诉求，NB-IoT 让运营商找到了发展物联网的动力引擎，同时也让燃气公司迎来了技术的升级改造和发展热潮。

NB-IoT 燃气表简化了业务交互流程，增加了低功耗省电模式，修改了驻网管理模式，扩大了基站扇区内的燃气表连接数量，增强了信号覆盖范围，降低了基站部署数量，减少了运营商部署成本，拓展了物联网平台的规模化效应。从 5G 物联网产业联盟的数据分析可以看出，

NB-IoT 的规模化部署，将逐步替代 GPRS 的应用场景。5G 时代，NB-IoT 技术将满足大规模连接的诉求。经过了几年时间的发展，NB-IoT 在很多垂直行业应用扎根发芽，其中就包括已初具规模效应的燃气表行业。

2019 年以来，NB-IoT 智能燃气表逐步得到广泛应用。根据不完全统计，沿江某市未来几年约 23 万天然气用户在用的传统 IC 卡燃气表将逐步被替换为物联网智能燃气表；据《湖北日报》2019 年 8 月份报道，湖北某市开始换装物联网燃气表；某直辖市能源投资集团计划在 3 年时间里为本市近 400 万户居民更换智能燃气表；山西某市 2.7 万户居民已经用上了 NB-IoT 物联网燃气表。使用 NB-IoT 技术的智能燃气表，具备除传统 IC 卡燃气表计量和充值基础功能外，增加了智能移动控制应用终端及表数据传输通信功能，能够实现数据远传及控制的燃气计量表具综合管理平台，支持手机 APP 查询缴费、实时监控管理、报警功能、无卡预付费、远程阀控、阶梯气价、价格调整、大数据分析等功能，是城市实现智能化管理的重要方案。

在智能燃气表行业，国内销售规模较大的上市公司有金卡智能、威星智能、积成电子、先锋电子和新天科技等。目前，这 5 家企业已全部进军 NB-IoT 燃气表，在技术研发、市场拓展和标准制定等方面不断取得突破。

2017 年 6 月，工业和信息化部办公厅下发了《关于全面推进移动物联网（NB-IoT）建设发展的通知》（工信厅通信函〔2017〕351 号）。通知中提到：全面推进广覆盖、大连接、低功耗移动物联网（NB-IoT）建设，目标到 2020 年 NB-IoT 网络实现对于全国的普遍覆盖以及深度覆盖。随着基站部署规模的扩大、芯片的成熟稳定、物联网平台的逐步完善，以及各种各样的智能终端出现，产业链日趋成熟，NB-IoT 将呈现快速的规模化部署效应，NB-IoT 燃气表也将迎来更大的发展空间。

五、NB-IoT 在燃气行业的应用案例

某燃气集团的"NB-IoT 抄表系统"

燃气作为国民经济的重要组成部分，与居民生活息息相关，抄表收费管理随着技术更迭，经历了人工抄表、半自动化抄表、远传自动抄表等工程，最终进入智慧化管理的新时代。

某市《推进智慧城市建设"十三五"规划》提出，到 2020 年该市信

息化整体水平继续保持国内领先，部分区域达到国际先进水平，初步建成以泛在化、融合化、智敏化为新特征的智慧城市。作为城市核心基础设施的燃气行业，进一步提高其智能化水平，也成为推动城市智慧建设的重要一环。

从燃气公司的角度分析，抄表收费是日常供气管理中的一项繁琐复杂的工作，传统的燃气抄表收费方式是人工抄表，此方式存在入户难、管理费用高、数据实时性差、管网控制能力差等弊端。随着社会经济建设日益加快，燃气自动抄表技术得到快速发展，在目前的燃气自动抄表系统中，抄表方式采用较多的是"点对点抄表"和楼栋"集中抄表"，工作效率相对较低，实时性也未能达到，抄表成本高。基于燃气表级联和基于采集器汇总的无线远程集抄方式，虽然解决了燃气表出户和燃气表数据远传后台，但还是存在通信成功率不稳定、运行维护困难等问题。因此如何进一步提高抄表效率、保证数据传输准确性，降低成本，成为燃气行业普遍关注的问题。

1. 燃气抄表，NB-IoT 来帮忙

为了解决上述问题，基于 NB-IoT 计算标准的物联网计算提出了一个新的可选项。NB-IoT 作为远距离无线通信技术中的新技术，针对终端传输数量多、单个终端传输数据量小、终端位置固定等应用场景，具备六大技术优势，即覆盖广、连接多、速率低、成本低、功耗少、架构优。NB-IoT 技术支持终端待机时间长、对网络连接要求较高设备的高效连接，NB-IoT 设备的电池寿命设计目标高达 10 年，同时还能提供非常全面的室内蜂窝数据连接覆盖。

NB-IoT 技术的应用，对于燃气管网安全维护、实时报警、远程关断、能效管理等精细化管理也能起到重要的推动作用。更进一步还有助于燃气公司拓展未来的业务空间，基于云技术和大数据分析技术，可对智能燃气前端收集的数据进行智能化、精确化分析，实现对全管网设备监控、气量峰谷调配等管网优化，智能化分析客户使用行为习惯等信息。

智慧燃气在实施过程中存在集中器安装位置难、取电困难、实时性差、网络覆盖难保证、网络维护附加成本高等痛点。NB-IoT 技术拥有的几大特点，帮助燃气应用等物联网行业进行智能化升级改造，已经是必然趋势。与小无线表、GPRS（通用分组无线服务技术）表相比，NB-IoT 燃气表在综合成本、网络建设成本、维护成本、抄表成功率与一次性抄表率、低故障率、公网电信级服务等方面占有优势。

因此，某燃气集团与某实验室联合研发了一套基于 NB-IoT 技术的智慧燃气终端模组、后台云平台和智慧燃气终端检测平台。智慧燃气终端采用由运营商运维等授权频段商业蜂窝网络，通过终端在现网应用场景中的性能测试，从功耗、覆盖、延时等关键指标维度，对 NB-IoT 技术在智慧燃气应用的技术可行性、适用性、性能可靠性等进行评估，以解决该市智慧城市建设的智慧燃气需求，力争成为智慧燃气规模应用标杆和智慧城市建设引领示范。

2. 抄表系统架构与功能

NB-IoT 智慧燃气抄表系统由智慧燃气表终端模组与智慧燃气应用平台构成。智慧燃气表终端模组完成终端感知层的数据发送，在网络上层提供并建立智慧燃气应用平台。整个数据传输网络由运营商来构建、维护。具体流程：智慧燃气表终端模组进行实时环境采集数据，通过 NB-IoT 把采集到的参数或信息发送给智慧燃气应用平台，由智慧燃气应用平台对数据库进行相应处理，并对环境参数进行判断或报警。用户通过网页、APP等连接到智慧燃气平台进行监控，实现燃气表读数、报警等功能（图 2-32）。

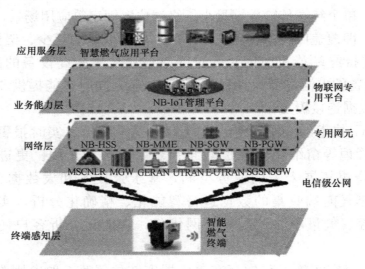

图 2-32 NB-IoT 抄表系统结构图

根据不同类型的燃气表，对终端模组进行配置，使其适用于特定类型的燃气表。智慧燃气表终端模组实时采集环境参数，包括气表读数、电池电量、用气量、是否开盖、阀门状态等，并进行报警。通过 NB-IoT 终端模组把采集到的参数或信息经运营商网络及物联网专业平台，发送到智慧燃气应用平台。

终端模组在上电后会自动入网并连接服务器，每分钟（人工设置）默认上报一次数据，并且在初始上电的瞬间上报本机 ID 地址。服务器在收到某一模组数据后。对该模组进行配置，设置该模组的地址、单元、上报时间、阀门开关等参数，模组会与服务器再次交互，匹配服务器设置的时间，并进行数据交互。

智慧燃气应用平台：分为登录、菜单栏、内容显示等部分，主要实现设备查看及维护（用于参数配置、查看或配置设备）、上报时间、阀门控制等功能，并根据每个设备的 ID 号，录入对应的地址及小区单元。

燃气云数据查询：用以显示各个 ID 号设备的所有信息：设备号、读表时间、抄表数据、当前电压、报警状态、该表当前阀门状态等，并能在子菜单中查看该表近 100 次数据和最后 30 次数据的曲线，直观显示该用户的燃气消耗走势。

数据看板查询：用于实时监控所有设备的最新状态，并能在可调整时间内实时更新。

参数维护查询：用于增加和更新看板刷新时间，并能对设备查看及维护页面中的设备上报周期作限制，如果在指定时间中，某些时间不能被用来上报数据，那么可以在这个选项卡中将该时间点去除。

通过智慧燃气应用平台，燃气企业可远程操作智慧燃气表终端模组，实时采集智慧燃气表流量信息、检测设备状态、下发控制指令，通过远程监测，燃气企业也可以将燃气数据精准地反馈给用户。在智慧燃气应用平台上，系统提供信息、支付宝、掌厅、网厅等主流 APP 接口来实现便民服务，使抄表人员和用户可以方便地查询智慧燃气表具的读数。用户可以在自己的终端上实时查询数据，获取用气量、账单、安检情况等信息，同时提供手机、网页等渠道，快速实现缴费、查询、管理等业务，与燃气企业实时互动，打破传统的单一的人工缴费模式，有效提高用户满意度和幸福感。

3. 终端检测平台

作为无线传输信号必须有一个传输规约，如果传输规约不统一，则会出现各家终端不兼容的现象，导致无法有效管理。某燃气集团在 10 年前就率先订立了无线抄表传输规约的企业标准。针对窄带物联网（NB-IoT）

应用于智慧燃气的需要，研发智慧燃气终端检测平台。包括三个方面：一是为 NB-IoT 信号发生，负责产生满足 NB-IoT 标准的 RF（射频）信号，二是为 NB-IoT 信号分析，负责检测 RF 信号以及相应的物理层信道、射频参数数据等；三是为 NB-IoT 综合测试，在传统的物理层测试以外，增加了信令面上的处理和高层过程，可以通过空口信号分析应用层的信息是否符合燃气集团的传输规约。

该检测平台专用于窄带物联网智慧燃气终端检测，可以用来对其传输性能和功能进行检测，以及传输规约一致性的检测。具体来说，包括检测窄带物联网燃气终端发射机信号功率、信号质量的评估检测，终端接收机接收灵敏度的测量，丢包率等无线性能传输质量是测量，以及终端各个状态下的运行功耗测量。

该检测平台硬件采用射频模块、主控模块、信号处理模块以及丰富的接口模块，配置触摸屏。软件部分的操作分为人机交互输入、硬件控制、串口命令控制、空口信号生成与采集、空口信号与功耗分析、参数和性能统计、测量结果输出等步骤；按照信号检测划分则涵盖上行信号分析、下行信号分析、上行信号生成、下行信号生成、功耗测量分析。

4. 社会效益

基于 NB-IoT 的智慧燃气终端可实现燃气数据自动采集和双向通信，解决了入户抄表与居民隐私的矛盾，提高抄表工作效率和及时性、准确性，为城市安全保驾护航，降低社会管理成本，提高社会稳定性。

通过智慧燃气系统获得的大数据，可以了解不同区域的燃气能源用量情况，并据此优化输配管网运行效率，实现高效用能、协同互补、推动社会可持续性发展，为绿色、环保、智慧化生活起铺垫作用，也为智慧城市建设起到积极的推动作用。

基于 NB-IoT 的燃气行业第三方检测平台，检测智慧燃气终端的各项电性能和射频性能参数，为某市智慧燃气表具市场规范准入以及市场监管提供了有效、公平的技术手段和方法。

具权威预测机构 Gartner 预测，到 2025 年，全世界物联网终端数量将达到 246 亿个。对于国内来说，仅某燃气集团直辖燃气用户就接近 600 万用户，全国燃气用户已经过亿，NB-IoT 燃气终端市场未来需求量很大，电等相关行业也有很大的发展空间，NB-IoT 智慧燃气产业链集成了包含芯片、模组、表具、运营商、网络服务商等不同行业在内，整个产品的市场规模无可限量。

第三章　智慧燃气

　　智慧燃气是以城镇智能管网建设为基础，利用先进的通信、传输、数据优化管理和智能控制等技术，各终端用户协调发展，为用户提供安全、方便、舒适的用能体验，实现"燃气流、信息流、业务流"高度一体的高效、协同、灵活的现代化燃气运作系统。与传统燃气行业相比，"互联网＋智慧燃气"将在提升服务体验、降低交易成本、提高本质安全等方面实现创新和突破。

第一节　智慧燃气概况

　　智慧燃气是物联网的具体应用之一，通过部署各种传感器、智能表具等，感知燃气管道是否有泄漏、用户燃气使用情况等信息，以提高燃气公司的科学、高效管理水平。

一、燃气智能化是必然趋势

　　随着我国燃气行业的发展，燃气行业管理及服务从简单的手工运作阶段迈入数字燃气阶段，大量采用信息化手段管理燃气业务，智慧燃气应运而生。它既是燃气行业自身专业能力升级的需要，也是快速发展的互联网环境倒逼燃气行业改革创新的必然趋势。

　　不管技术如何驱动、管理如何变革和行业如何发展，实际上成本是核心。无论是 LoRa 还是 NB-IoT 等的技术，或者未来其他新技术出现，企业所使用的所有手段都要考虑成本两字，而成本不管提高还是降低，最终都会分摊到用户身上。燃气公司用了很多新技术，优化了管理手段、提高了管理效率、提高了调度效率，让成本下降，但用户侧的感受却是"燃气怎么一直在涨价"。这就是成本分摊在用户身上，但在用户侧却没有体现出它的价值。如果用户能在用户体验上得到一个提升，则用能成本提高一些是可接受的。

燃气公司考虑的是成本，智能燃气表的价格是机械表的 2～3 倍，如果使用智能燃气表仅仅是用来抄表，那更换的意义不大。但现在城市燃气管理面临变化，智能燃气表不仅是用来抄表，燃气公司需要知道它的变化状态，需要知道它当前和未来的变化规律，需要知道更多与安全相关的信息。比如：某个时段用户是在用气还是没有用气；用户不该用气时用了气，是什么情况？如果这些管理需求从供给侧到管理侧，都全方位考虑到燃气公司的范围之内，则表具智能化是必然的，投入再多的钱也是值得的，因为表具对城市燃气安全运营、数据管理、未来价值的体现非常有用。

换不换智能燃气表，最终是要看城市燃气的管理者怎么考虑他的管理目的，利用什么样的通信手段，利用什么样的技术来改变功能，这决定燃气表的未来走向。智能燃气表换与不换需要斟酌，但智慧管网建设则是必然。

二、智能管道、智慧管网建设正当其时

伴随油气需求的增长，作为油气的重要运输方式，管道的作用越来越突出。近年来，我国油气管道事业实现了飞速发展，我国长输油气管道总里程已超过 12 万 km，西北、东北、西南、海上四大油气进口战略通道不断完善，陆上管道输油和输气能力分别达到 6000 万 t 和 650 亿 m³。

目前，我国正在加快油气主干管网、区域性支线管网和配气管网建设，完善 LNG 接收站布局和配套外输管道，推进国内油气管网互联互通。预计"十三五"到"十四五"期间，中国油气管网主干道总投资将达到 16000 亿元，新建管道 10 多万公里。因此，打造面向未来的智能化管道和智慧管网，应用"端＋云＋大数据＋物联网"信息技术，建设全国性的"智慧管网"，构建油气长输管道安全长效机制正当其时。

随着"互联网＋"与油气储运建设行业的深度融合，建设智能管道和智慧管网，实现全数字化移交、全智能化运营、全生命周期管理，正在成为行业发展的新目标，中国油气储运设施建设从数量到质量都将实现飞跃。

（一）智慧管网的具体应用

北方某燃气集团正在逐步铺开的智慧管网系统，目前已经涵盖了水、电、气、热等多种管线。利用北斗定位和智慧管网系统，巡线模式以及工作模式发生了改变，巡检人员不用打开井盖，站在地面上，拿着智能设

备,就能清楚地知道管线是否移位、变形,效率高。

除了巡线模式,燃气公司的事故上报模式也与以前大不相同。比如,以往燃气泄漏事故上报,主要通过三个途径:巡线工上报、市民上报、城管等部门上报。后两种都是被动上报,巡线工上报虽然可以看作是主动上报,但巡线工每次巡线实际上都是对某个点位的巡查,没法做到24h全线覆盖。如今,通过对管线压力的监控,可以得知是否泄漏,管线一旦失压,会自动报警,可以根据管线沉降数据来分析、预警。通过智能设备与北斗卫星连接,北斗返给燃气公司一个三维坐标,用以监控管线的状态。北斗数据已经精确到厘米级,因此微小的管线沉降都有反应,通过数据就可以分析出管线是否存在裂隙的可能,从源头上排除泄漏事故。

(二)提升燃气本质安全是智慧燃气现阶段发展的关键

燃气安全保障涉及资源供应保障和管理服务保障。传统燃气安全问题多出现在燃气的供应、输配和应用环节,发生问题时多以人工干预为主。随着智慧燃气的发展,安全措施的智能化程度将逐步提高,利用集成式的智慧燃气统一运行管理平台、数字化管网和智能仪表,实现可视化检测、智能诊断和智能应急决策,提前预判管网故障,从源头规避风险。发生故障时,可快速诊断、隔离并消除,具备自动控制能力。

当前,作为低碳、清洁能源的天然气已经发展成为世界主力能源。随着中国"互联网+智慧能源"的发展,基于用户和市场需求,智慧燃气将是燃气行业的未来发展趋势,也是燃气企业提高综合运营水平、扩展经营范围、强化企业运营安全、提升客户满意度、增加企业经济效益的有效手段,将为城市能源系统带来深刻变革。

据中国城市燃气协会的统计,2020年我国城镇燃气管网里程已达70万km,较2016年末增加了约7万km,管网建设速度大幅高于往年。2017年全国共完成煤改气、煤改电578万户,其中仅京津冀及周边地区28个城市就完成394万户,燃气管网的智能化改造具有广阔的市场需求。另一方面,全国已有近6亿人(2亿多个家庭)使用燃气,城市人口气化率达98%,县城人口气化率达到76%,其中使用天然气的人口占比为56%,使用人工煤气的人口占比为4%,使用液化石油气的人口占比为40%。据国家统计局公布的统计数据,2017年我国天然气消费量达到2373亿 m^3,较2016年增加了15.31%,远高于2016年6.58%的增幅,天然气的高消费量势必推动各地燃气行业的发展。

近年来,城市管网管理越来越难,涉及城镇管网的安全事故越来越多且越来越严重。因此，如何能够拥有既高效又安全的燃气管网，这是燃气企业的命脉所在，智能化管网的建设势在必行。建设智能燃气管网主要依靠迅速发展的互联网技术、信息化技术、各种软硬件、传感器单元等以物联网技术为基础。

随着我国城市化的不断加快，人民生活消费水平的不断提高以及国家"十三五"优化能源结构的规划，燃气市场将迎来爆发式增长，这给燃气行业带来机遇。同时，燃气行业也面临来自其他行业如电力、煤、石油等的强力竞争和巨大挑战。燃气企业为在竞争中保持稳定、高效的发展，提高技术性和安全性至关重要。

第二节 智慧燃气的概念

一、智慧燃气的概念

智慧燃气的概念主要分为三个层次：智能管网、智能气网、智慧燃气。

（一）智能管网

智能管网是整个智慧燃气的核心和基础。将其应用在燃气的整个管道中可以对地下管线进行精确检测，能使人们对其完全掌控。另外，智能管网系统还能精确定位工作人员的位置，实时检测工作状态；在发生意外情况时及时合理地安排工作人员赶到事故地点进行抢修；提醒工作人员及时撤离事故地点，以免发生不必要的人员伤亡。

（二）智能气网

智能气网是在智能管网的基础上向终端应用延伸，同时融入智能计量和智能服务。终端应用通过整合的独立软件系统，控制管网现场的通信设备和数据传输设备等，实现对管网运营状况的监控和管理。智能计量是将传统的燃气计量方式和现代互联网技术结合，实现数据传输智能化、流量计费以及缴费自动化等。智能服务则通过持续的管网监测，从而得以高效率处理各方请求。

（三）智慧燃气

智慧燃气是在智能气网的基础上，将燃气与能源互联网结合，实现能源之间数据的互联互通，以达到最优质、最智能的能源系统服务。

智慧燃气其主要存在的价值体现在以下三个方面：第一，安全。实时的设备压力以及温度等相关数据的传递，可以给预防性维护带来基础方面的分析，进而降低安全隐患。第二，便民。通过减少人工抄表扰民以及排队缴费难等问题，也可以降低投诉。第三，盈利。智慧燃气的使用，还可以衍生出诸多盈利模式。

二、智慧燃气的发展阶段

智慧燃气的发展可分为以下四个阶段。

（一）信息化

智慧燃气的初级阶段，将燃气关键节点的数据通过通信手段采集，并转化为数字量。

（二）自动化

通过物联网对设备数据进行采集，结合大数据分析，判断设备设施状况，在人工干预下实现远程调控。

（三）智能化

数据分析能够智判和预测，实现科学运营；通过趋势预判，实现部分领域智能化，核心设备设施远程自动调控，设施故障预诊断。

（四）智慧化

实现燃气全业务链智慧决策，多能协同；智能耦合，多种能源与燃气的深度融合发展；实现自感知、自判断、自决策、自管理等功能。

第三节　智慧燃气的机遇与挑战

随着勘探技术的不断创新，天然气作为优质资源的可用性和优势越来越明显，天然气产业的前景非常光明。目前，我国一次能源消费中天然气的占比小于全球水平。数据显示，2019 年我国天然气消费在一次能源消费中的占比为 8％，与全球平均 24％的份额相比还有很大的增长空间，与美国、俄罗斯等天然气消费大国相比差距更大（2016 年数据显示美国31.5％，俄罗斯 52.2％）。2017 年，发展改革委印发《加快推进天然气利用的意见》指出，逐步将天然气培育成为我国现代清洁能源体系的主体能源之一。到 2020 年，天然气在一次能源消费结构中的占比力争达到 10％左右，地下储气库形成有效工作气量 148 亿 m^3。到 2030 年，力争将天然气在一次能源消费中的占比提高到 15％左右，地下储气库形成有效工作气量 350 亿 m³ 以上。

最近业内在页岩气勘探和可用性方面取得了重大的进展，加上天然气钻探效率的提升和成本的降低，使天然气产业受到更广泛的关注。同时，随着国家在产业结构调整，创造就业机会和节能减排方面的大力投入，天然气在国家清洁能源领域将发挥越来越重要的作用。

天然气快速增长的同时也给智慧燃气带来了机遇和挑战，尤其是在人才培养和新技术的积累方面。在天然气产业快速发展过程中，燃气企业在生产安全、简化运营、提高效率等方面对公用设施的要求日益提高，传统燃气设施已步入技术更新和产业升级的轨道，技术工程师开始新老更替，单纯经营基表的企业面临挑战。因此，新一代智慧燃气产业的驱动力是掌握信息技术的能力。随着科技进步，智能表具的体积更小，功能更丰富，数字化能力更强，这也使下一代智能燃气器具生产的相关企业必将着眼于通信网络的力量，为公司提供竞争优势。

建设下一代智能燃气的五个步骤

步骤 1：建立专注运营效率的商业计划

这一步骤需要帮助燃气公司厘清建设 AMI（Automatic Meter Infrastructure，即表具远程交互，与表具远程抄读 AMR 对应，在抄读的基础上能够对表具进行远程控制）的目标与核心需求。例如：在建设 AMI 系统的驱动力方面，电力公司主要关注提高可靠性，水务公司主要关注点在于漏损与产销差。与之相类似的，燃气公司在提高运营安全和运营效率的基础上，建立 AMI 系统具有广泛的商业价值。

实现燃气设施的数据采集，是智慧燃气的最基本目标。因此，智慧燃气系统基于双向通信网络，将数据从智能表具和其他传感器设备发送到公用事业平台，通过智能软件和专业技术人员进行分析。这些数据将为燃气公司提高运营效率提供基础保障。

保障供气安全，简化运营模式，提高运维效率是智慧燃气的核心目标。基于无线组网的 AMI 系统支持燃气公司与仪表之间的远程通信，对比传统的每月或双月人工抄表或现场执行日常操作，可以显著降低运营成本，不仅包括工程师工时成本，还包括车辆、手持设备、燃料等成本。在 AMI 系统部署以后，一年内远程抄表功能可以节省大约 28000 个工单，7500 个工时。

AMI 系统可以提前预判终端用户的问题，技术人员会在入户解决问题之前，获得更多解决问题所需的信息。同样的，通过调取用户的详细数据，呼叫中心和客户服务人员就可以在第一次接到用户投诉电话时，完成问题的解决，提高一次解决问题的成功率，减少工单和部门间协作。

数据传输的可靠与安全，以及持续推动大数据创新的能力，是智慧燃气的重点目标。公共事业专用物联网系统采用点对多点的星形网络，通过专用的无线频谱进行通信，可以有效避免干扰，实现更远距离的覆盖能力。而且使用专用频谱的基站数量远远少于共享频谱解决方案的基站数量。

步骤2：投资建设可靠安全的通信网络

双向通信网络是智慧燃气系统的基础，是燃气公司与用户之间传递信息的通道。每个燃气公司，在选择网络时都必须考虑其具体需求和优先级。

公共事业专用无线物联网络安装灵活。采用专用频谱的无线通信系统，按照无线电管理规范要求发射无线电信号，通信受到保护减少干扰，这就会比公共频谱具有更强的覆盖能力。因此，专用频谱的无线基站数量大大减少，这样可以支持在系统生命周期内，以较低的基础设施投资，部署连续覆盖的网络。在环境复杂或具有挑战性的密集城市地区，可以更好地控制投资成本，同时获得系统的最大可靠性和性能优势。而且，单基站系统的容量也会大幅提高，系统可以连接更多终端来进行业务扩展，以支持更多的客户。

通信网络应该基于开放的标准，保证燃气公司在进行元器件，设备采购过程中的灵活性。公用事业单位需要从一个或多个供应商处选择仪表、智能设备或仪表数据管理软件。因此，通信网络必须支持互联互通，这就可以将上述组成部分无缝集成到统一的智慧燃气系统中。再者，如果公用事业单位使用的系统具有通信互操作能力，这也为支持未来创新应用打下基础。

采用开放的，标准化的方式构建物联网系统，是提供智慧燃气方案相关企业的基本原则。因为客户在自动抄表的基础上，具有更长远的产业升级和技术创新需求。网络基础设施的标准化和灵活性为客户后续叠加技术做好准备，实现快速投资回报，或者满足更多样，更灵活的智慧燃气的专业需求。

双向通信网络的开放性需要面对来自互联网和企业网络的信息安全威胁，因此数据安全性问题至关重要。水、电、燃气等公共事业单位涉及国计民生，选择一个能够稳定运营、可靠、可管理的通信网络至关重要。终端用户，监管机构和燃气公司都会密切关注智慧燃气系统的信息安全性，以确保运营和隐私得到保障。

采用基于专用频谱的标准化的无线物联网络，更适合应用在上述智慧燃气、智慧水务等公共事业单位。专用物联通信网络，使用无线电管理委员会授权的专用频谱，有效地控制信号干扰，实现数据通信的物理隔离，并采用专网安全架构和加密方式。

步骤3：连接先进的自动监控设备入网

燃气公司在专用无线通信网络的基础上，装备现有和新型的智能设备。非机械计量表具集成了新型传感器同时具有监测功能，大幅推进天然气计量水平的提升，并在促进建设智慧公共事业系统方面发挥重要作用。

随着新型计量技术（如超声波）取代了机械计量技术，天然气公司将应用创新的、高度集成的、功能丰富的新型表具，比简单抄表读数具有更显著优势。超声波工商业燃气表的成功商用，是自皮膜表、涡轮表、腰轮表以来燃气计量技术的重大进步。而且在其紧凑的外壳内，超声波燃气表可以集成温度和压力校正功能，相比传统的外置温压修正仪，节省了大量空间和成本。

每年，燃气公司都会指派数千个工单来关断用户供气，以确保安全，应对欠费等问题。如果技术人员无法远程控制表具，则需要额外的交通、入户、物业等成本。通过使用双向无线通信模组和远程燃气关断设备集成，公用事业单位可以实现远程关断。远程控制还有助于保护员工安全，减少工伤事故的概率，例如宠物攻击、不友好用户、划伤等。

智能燃气表除了上述简单的关断功能外，还可以从指定的表具中读取压力，在线查看供气水平，避免断气等。为了提高用气安全，如果采集到的数据出现一些异常，例如压力达到预定的门限值（过高压、过低压）或者温度升高（可能指示火警）等，燃气公司可以根据以往的经验提前定制报警值，进行自动关断供气，减少事故的发生。智能燃气表还具有倾斜报警和篡改警报功能以防止盗气行为，内置的数据日志记录各种告警、事件和时间戳信息。如果检测到振动（例如地震活动），将实时通知燃气公司，同时对表具自动关断。未来，还可以连接户内的一氧化碳、烟感或燃气探测器，以增加室内安全。

在不久的将来，超声波燃气表将继续把通信和其他新功能集成于一体。届时超声波燃气表是具有完整通信、远程阀控、供气压力监测、燃气泄漏检测、内置智能应用以及报警功能的智能燃气表，将在提高公用事业的运营效率和安全性方面发挥重要作用。

展望未来，燃气公司可以将 AMI 网络与阴极保护监控系统集成于一体，进一步提高管网维护的集中度。中国每年腐蚀成本达到 2 万亿元。腐蚀也是世界各国面临的共同问题，每年腐蚀成本约占各国国内生产总值的 3%～5%，大于自然灾害、各类事故损失的总和，其中 25%～40% 的腐蚀成本可以避免。据估算，每年全球管道腐蚀成本为 2.2 万亿美元。

步骤 4：提供可执行性的智能数据分析

智慧燃气系统将为燃气公司提供比以往更多的数据，洞察前所未有的商业机会。从提高抄表频率到整个管网监控，智能应用正在推动更高标准的运营效率，客户服务和系统安全。

户用燃气表通常每月或每两个月抄表一次。对于每两个月抄表一次的用户，未抄收月份的计费，通常是根据用户用气习惯人工估算的，人为错误会影响计费准确性，也会增加用户投诉并降低满意度。安装 AMI 系统后，可以按小时级读取数据，为公共事业单位提供完整的数据和其他相关的详细信息。展望未来，超声波等新型计量仪表，可以提供更为翔实的用气数据。

例如，智慧燃气的使用客户每天从 AMI 系统中读取每小时读数，并将其每日发送至客户信息系统中，每天的抄表成功率超过 99.5%。每小时读取提供的数据对于判断异常情况（如使用率峰值）和完善各种后台功能（如审计和计费）非常有价值。

不同的公用事业单位可以将这些数据应用于多个领域。运营人员可以深入地了解系统的性能，优化资源的分配，包括客服和计费人员，这样就可以收集更详细的账户信息，提高客服质量。

步骤 5：执行积极的用户交互策略

从智慧燃气系统收集的数据可帮助燃气公司改善客户服务，并为客户提供访问信息的渠道，使他们能够在能源使用方面进行合理的选择。燃气公司主动向客户推广有关智能表具和无线抄表的优势和知识，解决终端用户的疑问。

燃气公司已经开始为客户提供更多更详细的用气信息，这同样会激发出更多的商业机会，其中在线门户网站，手机 APP 是最常见的方式。相比而言，一些公共事业单位则更快一步，他们通过家庭能源管理设备推送这些信息。这些信息使客户能够尽可能多地了解他们的能源使用情况以及更清晰地了解账单。随着时间的推移，通过优化账单、引导消费的方式，有助于培养客户的节能行为，提高节能减排的社会效益。

智能电网计划已经在 AMI 领域里进行了广泛宣传和用户引导，这对燃气公司的改造具有帮助和参考意义。同样燃气公司也应该采取积极主动的方式，通过网站、新闻、广告等方式与客户沟通有关部署 AMI 系统的优点和变化，与当地政府和媒体合力进行宣传。

用户互动水平的提高以及计费数据更加透明化，还有助于公共事业单位识别用户的行为，并提供节能的建议。随着时间推移和用户趋势的积累，公用事业单位可以提供环保建议或向用户推出新的服务。

目前，天然气企业正处在业务快速发展时期，技术创新不仅帮助燃气企业应对优化运营效率的挑战，而且为长期的产业升级带来机遇。在提高整个运营效率的基础上，天然气企业将发掘出投资 AMI 系统，建立安全可靠的通信网络的优势和潜力。城域规模专用通信网络，将各种监测和控制设备连接到网络中，通过专业的数据分析，提高运维效率和客户满意度。

过去我们是通过人来创造数据，未来创造数据的主角变成了无处不在的物联设备。通过物联网收集到海量的数据，因此需要重新思考、分析策略，建立适应新形势的数据分析系统，从而提高数据的利用率，找到数据间的关联性，整个服务的使用流程也简洁明了。通过预测未来并提出解决方案，将有效提高燃气管网运行的可靠性、安全性与经济性，提高生产运营效率和水平。

未来，随着智慧燃气快速发展，与各行业各产业的融合将进一步加速，这种融合涉及了软件、硬件、平台、应用和服务，横贯了技术创新、商业模式创新、应用模式创新、建设模式创新到用户体验创新。

第四节　智慧燃气的应用案例

一、燃气综合运营调度模式的探讨

目前我国大部分的燃气集团企业越来越注重整体企业的信息化管理，但现实中集团内各成员企业在信息系统管理上存在相对孤立、各自为政、业务难以整合的状况，企业缺乏有效的业务沟通、信息共享，运营监管与协调调度能力不能统一。某燃气集团急需要通过一种有效的管理手段，提升集团的综合运营调度管理水平，促进集团向卓越经营的目标发展。

（一）燃气应用综合调度模式

以燃气综合运营调度模式为指导思想，提出一套涵盖该燃气集团企业的运营调度系统，在集团总部与各成员企业建立"集团运营调度中心"和"企业运营调度中心"，达到统一调度、数据共享，促进成员企业实现信息集成与业务整合，保障集团企业对成员企业进行有效的运营监管与调度。

具体模式如下：

1. 集团的调度中心：主要负责对整个集团运营状况的实时监控、监管。通过信息化管理，建立监管平台，对各成员企业进行统一实时监管、运营分析对比、资源合理调配利用，并将综合分析结果及时反馈到各成员企业，督查其不断改进、不断优化，实行科学、健康的运营目的。

2. 企业调度中心：负责企业的日常生产运营，包括管网运营管理、气量调度、燃气设施运营管理等。通过信息化管理，建立企业燃气综合运营管理平台，将各类系统信息（GIS 系统、巡检系统、SCADA 系统）整合在一起，实行整合管理，并支持运营状况的系统综合分析，辅助合理的调配资源。

3. 该系统提供一套完整数据同步机制，用来连接集团调度中心和企业调度中心，通过信息化管理手段，将各企业所有的业务信息及时更新到集团，实现运营信息集中管理，支持集团对各成员企业运行现状进行统一监管。

该模式不仅实现了成员企业各自的运营系统之间的数据共享与业务集成，而且实现了燃气集团对各成员企业的运营信息整合，将集团与各成员企业紧密结合于一体，推动燃气集团人力、物力、资源的合理调度与分配，提升集团整体的运营管理水平。

（二）模式体系架构

长期以来，集团一直大力推动各成员企业的信息化建设，集团总部与国际知名信息化公司共同建立了大型信息化建设，部署指导成员企业，采用统一标准，分别建立管网 GIS 系统、巡检系统、SCADA 系统等专题业务，使得集团信息化整合具备了良好的基础。

方案一：先集成，再整合

首先将各成员企业现有的管网 GIS、巡检、SCADA 系统进行整合，实行信息集成，在此基础上，将各成员企业的集成数据更新到集团数据中心。该方案实施简单，易实现，但对各成员企业的信息化建设能力要求比较高。

方案二：先联通，再集成。

在确保各成员企业的通信网络充分互通的基础上，直接将各成员企业的专题业务系统信息，同步到集团相应的数据中心。该方案实施要求高，硬件、网络需要具有较高的性能，来确保整个系统运营的稳定性，但相对来说对各成员企业的要求不高，各成员企业仅仅是一个信息点使用者。

综合集团和各成员企业的信息化建设情况分析比较，集团采用了方案二为最终方案。

建成后的平台不仅提供汇总展示、计划管理、应急抢险、实时监控、运营分析、运营调度六大基本业务功能，还通过与现有 SAP 系统的无缝对接，拓展出投资规划、市场开发、工程建设、客户服务等多种综合管理业务功能。为燃气企业提供了一个高效的综合运营调度信息化管理平台，有效提升了企业的计划制定水平和综合业务处理效率，辅助集团实现了对成员企业的整体运营监管与资源调度管理，为企业燃气综合信息化监管与运营调度带来了重大改变。

（三）燃气综合运营调度信息化效益

基于燃气综合运营调度模式，实现燃气集团综合运营调度的信息化监管，将集团与成员企业有机地组合成一体，成员企业实现业务整合、提升管理水平的同时，集团也可以直观查看各成员企业的运行现状，促进了集团与成员企业信息互通和业务协同，推动燃气集团初步实现了综合运用调度业务"看得见、够得着、管得好"。

看得见：集团可以从全局角度将所有成员企业的各类实时业务数据（GIS、巡检、SCADA 等）进行一体化展示，建立集团信息一张图，同时还能以地图 Tip、图表（曲线图、饼状图等）等方式实现燃气信息的灵活、多样化展示，辅助集团等企业管理人员直观了解成员企业的实时运营情况。

够得着：通过信息化的方式拉近了集团与成员企业之间的距离，直接获得企业的生产运营一线的第一手资料，消除了长期以来集团和成员企业信息不对称的问题，集团能够更加直接地对成员企业进行统筹监管，实时督促成员企业的综合运营与调度，降低了管理难度、提升了管理效率、加强了执行力度，推动了集团运营调度能力的整体提升。

管得好：成员企业专题业务信息在集团的有效集成，极大地丰富了运营调度信息，为集团层面更加深入地挖掘信息提供可能，为运营调度工作的科学决策提供辅助的决策依据。

二、结束语

燃气综合运营调度模式在信息化技术的支撑和帮助下，在某燃气集团得到初步实施，有效解决业务整合、信息共享、信息展示、统一监管、业务协同等问题，大大提升了集团对成员企业的运营监管与协调调度能力，显著提高了企业资源的合理利用和生产调度人员的办事效率，为日常生产运营、调度、应急响应提供了科学、及时、有效的技术支持，为领导指挥决策提供直观、合理的参考依据。今后将对该模式进行持续的完善与扩展，促进企业向卓越运营的目标不断迈进。

第四章　物联网在智慧城市中的应用

第一节　物联网技术架构

物联网结构可以简单概括为：传感技术＋通信技术＋IT技术，三者分别对应终端设备、通信网络和应用程序。

终端设备：自动化的感知和测量，使生产过程趋于智能化，让生产能够有自己的思想，并能够将这种思想传达给外界，实现互相的沟通交流。

通信网络：泛在的接入和互连、互联网、物联网等，将各个孤立的设备进行连接，形成人与人、人与物、物与物之间进行信息交换通道，用以确保物联网体系中所有对象的通信传输能力。

应用程序：指可以在电脑、手机等智能终端运行的软件，能够根据用户需求实现监测控制、智能分析、指挥调度、运营管理等很多功能。

从技术架构上来划分，物联网典型体系架构可以分为三个层次，自下而上分别为泛在化末端感知网络、融合化网络通信基础设施与普适化应用服务支撑体系，人们经常将它们称为感知层、网络层和应用层。

一、感知层

感知层位于物联网体系架构中的底层，是物联网发展和应用的基础，是识别物体、采集信息的来源。感知层由各种传感器或读卡器等数据采集设备以及数据接入网关之前的传感器网络构成，包括压力传感器、温度传感器、湿度传感器、RFID（射频识别技术）标签和读写器、二维码标签、摄像头、GPS等感知终端。

感知层以RFID、传感与控制、短距离无线通信等为主要技术，其主要功能是识别物体和采集信息，从而实现对"物"的感知。感知层在物联网体系架构中相当于人的眼耳鼻喉和皮肤等感觉器官，用于接触外部环境、识别外部信息。要实现物联网的全面感知，我们必须注重感知层的发展，使其具备更精确、更全面的感知能力，同时满足低功耗、小型化和低成本等商业化要求。

感知层的终端主要分为两类：自动感知设备和人工生成信息设备。

自动感知设备：能够自动感知外部物理信息，包括传感器、RFID、摄像头等。

人工生成信息设备：当前主要为各种智能电子产品，包括智能手机、计算机、智能机器人等。

未来社会是万物的感知，最终将以实现形式多样化的终端来达到万物互联。

二、网络层

网络层又称为传输层，是建立在现有通信网络和互联网基础之上的融合网络，由各种私有网络、互联网、广电网、网络管理系统和云计算平台等组成，是整个物联网的中枢，其主要任务是通过现有网络实现信息的传输、初步处理、分类、聚合等，作为感知层和应用层之间的沟通链路。网络层在物联网体系架构中相当于人的神经中枢和大脑。

网络层又可以划分为接入层、汇聚层和核心交换层。

接入层相当于计算机网络的物理层和数据链路层，RFID 标签、传感器与接入层设备构成了物联网感知网络的基本单元。接入层网络技术分为无线接入和有线接入，无线接入有无线局域网、移动通信中 M2M 通信；有线接入有现场总线、电力线接入、电视电缆和电话线。

汇聚层位于接入层和核心交换层之间，进行数据分组汇聚，转发和交换；进行本地路由、过滤、流量均衡等。汇聚层技术也分为无线和有线，无线包括无线局域网、无线城域网、移动通信 M2M 通信和专用无线通信等，有线包括局域网、现场总线等。

核心交换层为物联网提供高速、安全和具有服务质量保障能力的数据传输。可以是 IP 网、非 IP 网、虚拟专网，或者他们之间的组合。

网络层接入端有无线和固定两种方式。固定网络接入模式运营商无法从物联场景中提取"连接"好处，这是将物联网流量连接到自己的物联网平台业务的有效帮助。无线接入模式运营商不仅可以获得"连接"的好处，而且更有利于将物联网流量连接到自己的物联网平台，进行数据转换。

网络层主要以广泛覆盖的移动通信网络作为基础设施。目前国内通信设备和运营商实力较强，网络层是物联网三层结构中标准化程度最高、产业化能力最强，也是最成熟的部分。当前网络层发展的重点是为物联网应用特征进行优化改造，形成系统感知的网络。

三、应用层

应用层是物联网和用户的接口，它与行业需求相结合，解决信息处理和人机交互等问题。应用层是将物联网技术与专业技术相互融合，主要是利用感知层和网络层感知、分析处理后传输来的数据，为用户提供专业的服务，以实现物联网的智能应用。应用层是物联网发展的目的，它将物联网与行业信息化需求相结合，为不同用户、不同行业针对性地提供智能化的应用解决方案。

应用层提供丰富的应用，其机制是物联网所服务的各行业将终端设备采集的数据，通过网络和平台传输给对应行业的物联网服务器，经过大量的数据分析处理工作，产出与行业相适应的应用，各行业依靠这些应用，进行降本增效、产业升级及智能化改造工作。而应用层的关键在于行业融合、信息资源的开发利用、低成本高质量的解决方案、信息安全的保障以及有效商业模式的开发。

应用层可以分为管理服务层和行业应用层两种。

管理服务层通过中间件软件实现感知硬件和应用软件之间的物理隔离和无缝连接，提供海量数据的高效汇聚、存储，通过数据挖掘，智能数据处理计算等，为行业应用层提供安全的网络管理和智能服务。主要通过中间件技术，海量数据存储和挖掘技术和云计算平台支持。

行业应用层为不同行业提供物联网服务，可以是智慧能源、智慧医疗、智慧交通、智慧家居、智慧物流等。主要由应用层协议组成，不同的行业需要制定不同的应用层协议。

一般情况下，我们将物联网整个体系架构分为感知层、网络层、应用层，但除此之外还有一项属于物联网的某个特定层面的技术：公共技术。虽然公共技术未能与物联网技术架构的三层并列，但与这三层都有着紧密的关系。公共技术主要包括信息安全技术、网络管理、标识与解析和服务质量保证等。

第二节　物联网关键技术

物联网作为一个能对我们生产生活产生巨大影响，甚至将可能改变人类社会生产方式的一种集成创新技术，必然有着许多的基础高新技术作支撑。把这些高新技术应用于万物，达成万物互联，再通过大量服务器进行分析、计算和处理，最终将梳理出的价值信息传递到计算机中，自动进行大量重复繁琐的工作。我们只需要在计算机前就可以完成对万物的实时监控和动态管理，极大提高了社会生产力与社会资源利用率，对人与社会、与自然和谐共生、可持续发展有不可忽视的意义。

物联网关键技术主要有五种，分别是射频识别技术（RFID）、传感器技术、M2M、云计算、嵌入式系统。

一、射频识别技术（RFID）

射频识别技术（Radio Frequency Identification，简称 RFID）是物联网的主要关键技术之一，是物联网运行的重中之重。射频识别技术（RFID）是一种非接触式的自动识别技术，通过无线射频方式进行数据通信，用于提升物联网的识别能力。

射频识别系统一般由电子标签和读写器两部分构成。在射频识别技术（RFID）的实际应用中，物品被电子标签标识使得电子标签附着在物体的表面或者内部，当带有电子标签的被识别物体进入读写器可读识范围时，读写器通过电波识别物品附着电子标签的信息，从而实现自动识别物品的功能，达到高效管理的状态。

和传统的条形码、二维码相比，射频识别技术（RFID）实现了真正的自动化管理，无需人工进行扫描，并且突破了一次只能扫描一个物品的限制，完全可以在有非接触需求的场景下承担大批量的数据采集工作。除此之外，射频识别技术（RFID）还具有不怕灰尘、油污的特性，可以在很多恶劣环境下应用；实现了长距离读取；支持多物品同时读取；还具有实时追踪、重复读写及高速读取的优势。

射频识别技术（RFID）的诸多强大优势使其广泛被应用于工业自动化、商业自动化、医疗、防伪和交通运输控制管理等很多领域。目前应用比较典型的方向有：物流仓储、智慧零售、制造业自动化、资产管理、高速公路自动收费系统、安全出入检查等。

二、传感器技术

传感器技术不仅是物联网的关键技术之一，也是计算机应用中的一项重要技术。当前我们所能见到的绝大部分计算机处理的都是数字信号，这就需要传感器把模拟信号转换成数字信号后再发送至计算机，计算机才能对信号作出相应的处理。所以自从有计算机以来，传感器技术就一直伴随其不断发展，传感器技术还与计算机技术和通信技术一起被称为信息技术的三大支柱。

单纯从物联网的角度看，传感器技术还是衡量一个国家物联网发展程度的重要标志。传感器技术是一种从自然信源采集信息，然后对其进行识别、处理或转换，再将处理过的信息传输到接收端的科学技术。通过传感器技术可以感知周围环境或者物质并采集所感知到的温度、压力、光线、声音、振动等很多种信息，将采集到的信息进行统一转换后传输到物联网的网络层，通过通信网络输送，最终在应用层的用户终端显示出我们能够直接读懂和利用的数据或参数。传感器技术大幅度地提高了系统的自动化、智能化和可靠性水平，其广泛的应用将大量地解放人工劳动力。

传感器的类型多种多样，目前大多已经技术成熟并且在各行各业中进行广泛应用，以下列举几种常见的传感器及使用场景：

1. 温度传感器：隧道消防、电力电缆、石油石化；
2. 应变传感器：桥梁隧道、边坡地基、大型结构；
3. 微震动传感器：周界安全、地震检波、地质物探；
4. 压力传感器：水利水电、铁路交通、智能建筑、生产自控。

在传感器技术中，除传感器外还有一个概念比较重要：传感器网络。传感器网络是由许多在空间上分布的自动装置组成的一种计算机网络，这些装置使用传感器协作地监控不同位置的物理或环境状况（比如温度、声音、振动、压力、运动或污染物）。从功能上来看，传感器和传感器网络大致相同，都是用来感知监测环境或物质信息的，不过在实际应用中传感器网络具备更高的可靠性。

三、M2M

M2M 是 Machine-to-Machine/Man 的简称，是一种以机器终端智能交互为核心的、网络化的应用与服务。通俗一些定义 M2M，即：将数据从一台终端传送到另一台终端或者从一台终端反馈给一个人，就是机器与机器或机器与人的对话。我们初次接触"M2M"这个概念时，可以先从字面来理解，意为"机器与机器、机器与人之间进行交互"。在 M2M 相关技术深入研究领域，有些专家也习惯性地直接称 M2M 为物联网。

随着通信网络技术的发展，越来越多的设备具有了通信和连接网络的能力，人与人之间可以更加便捷高效地沟通，给社会生产、人类生活带来非常大的变化。但是依靠通信网络发展，仅仅是手机等通信设备和计算机等 IT 类设备具备了通信和联网能力，众多的日常机器、普通设备，例如家电、车辆、自动售货机、工厂设备等几乎很少有具备联网和通信功能的。而 M2M 的通信就是要建立一个统一规范的通信接口和标准化的传输内容，使所有机器设备都具备联网和通信能力。

现阶段，我们理解的 M2M 是所有增强仪器设备通信和联网能力的技术的总称。M2M 通过在设备内部嵌入无线通信模块，以无线通信作为设备的网络接入手段，例如现在许多智能化仪器仪表都带有 RS-485 通信接口，通过 RS-485 通信接口实现了远程的通信和联网。我们让更多的设备联网，就可以将设备的自身属性、运行状态、所处环境以及其他生产资料的现状等信息，通过网络传送到一个集中化的平台实现远程查看，并且能通过这个集中平台对设备的运行控制管理、指挥调度。这样不仅能够提高生产可靠性、安全性，还能降低人工成本，节省不必要的劳动时间，提高生产效率，以此提升企业效益。

随着 M2M 的应用与推广，出现了许多"端到端"的，即企业的生产运营设备经由 M2M 设备或模块，通过无线或有线的通信方式连接到集中化的管理应用平台。这些系统解决方案使得企业员工省去了很多奔波之苦，降低了企业运营、生产及管理的成本，提升了企业的信息化水平，乃至形成了许多新的商业模式和市场领域。

四、云计算

云计算（cloud computing）属于一种超大规模的分布式计算，旨在通过网络把很多成本相对较低且具有计算能力的实体整合成一个能够进行庞大数据量计算的服务系统，然后借助一些创新的商业模式为用户提供计算能力服务。它是随着分布式计算技术、互联网技术、虚拟化技术、处理器技术、SOA 技术和自动化管理技术的发展而产生的。通过云计算技术，我们在自己没有服务器的情况下，同样可以实现在极短的时间内完成庞大数据量的处理工作，并且仅需付出与建设数据中心或部署服务器机房相比极小的代价。

我们可以把"云"理解为一个非常大的系统，它由一些通信和互联网行业巨头搭建或者整合很多数据中心的服务器资源，构成一个规模庞大的服务系统，例如现在的阿里云、天翼云、腾讯云等均属此列。从狭义上来看，云计算就是一种提供远程计算能力的网络。云计算的用户可以随时利用"云"上的计算能力，按用户自己的需求来确定使用量，同时用户也必须按照使用量来支付费用。从广义上来看，云计算是把很多计算资源整合到共享池并借助资源共享池提供互联网服务，而这种计算资源共享池被我们称为"云"。

云计算将作为一种商品，可以在互联网上进行交易、流通，就如同我们日常生活中的水、电、气一样。我们可以随时接水、用电或用气，并且正常情况下是不限量的，按照自己家的使用量，付费给水厂、电厂或燃气公司就可以。云计算使得计算能力拥有了便捷流通、随时取用的特性，云计算自身还具备高灵活性、高可靠性、可扩展性、按需付费、弹性伸缩等明显优于传统服务器本地部署模式的特点。

通常，云计算的服务类型可以划分为三个层次：基础设施即服务（IaaS）、平台即服务（PaaS）和软件即服务（SaaS）。这三个层次位于彼此之上，共同组成了云计算技术层面的整体架构，这种技术架构可以充分体现出云计算优秀的并行计算能力、高度可靠性和可扩展性以及大规模的弹性伸缩和灵活性等特点。这三种服务分别在基础设施层、软件运行平台层和应用软件层得以实现，以下是这三种服务的概述：

（一）基础设施即服务（IaaS）

基础设施即服务是主要的服务类别之一，也是最基础的层面，用户通过网络可以从完善的计算机基础设施中获得服务，IaaS向云计算用户的个人或组织提供数据中心、基础设施等硬件资源来获取收益。

（二）平台即服务（PaaS）

Iaas的蓬勃发展，为PaaS服务的推广打下了很好的基础。PaaS指将软件研发的平台作为一种服务，为软件开发人员在不具备服务器等设备的环境下提供通过互联网来开发应用程序的平台。PaaS为开发、测试和管理软件应用程序提供了按需开发环境。

（三）软件即服务（SaaS）

PaaS的推广又促进了SaaS的发展，尤其加快了SaaS应用的开发速度。SaaS 是通过互联网提供按需付费软件，这种模式下用户无需购买软件应用程序，由 SaaS 提供商进行管理软件应用程序。用户只需通过互联网访问、使用需要的软件，并以此管理企业经营活动。SaaS 模式大大降低了大型软件的使用成本，并且由于软件是托管在专业的 SaaS 提供商服务器上，大幅提高了可靠性，节省了高额的 IT 维护成本和办公场地费用，让更多的资源投入企业自身研发以及运营上。

云计算严格意义上不是一种全新的网络技术，而是一种创新的网络应用。云计算的核心就是以互联网为中心，在网络上提供快速且安全的计算与数据存储服务。云计算让无数的中小企业可以用较为低廉的价格使用到庞大的计算资源与数据中心，同时又使大型互联网企业非高峰期闲置的服务器资源得到了充分利用并化作收益，形成了一个共赢局面。

五、嵌入式系统

嵌入式系统，从本质上讲属于一种计算机系统。IEEE（美国电气和电子工程师协会）对嵌入式系统的定义是：用于控制、监视或者辅助操作机器和设备的装置，是一种专用的计算机系统。国内普遍认同的嵌入式系统定义是：以应用为中心，以计算机技术为基础，软硬件可裁剪，适应于应用系统对功能、可靠性、成本、体积、功耗等严格要求的专用计算机系统。

从应用对象上加以定义，嵌入式系统包括硬件和软件两部分：硬件部分一般包括信号处理器、存储器、通信模块等在内的多方面的内容；软件部分包括操作系统软件和解决某类问题的专有环境应用软件。

嵌入式系统是硬件和软件的综合体，是一个能够独立运行的结构。相比于一般的计算机系统而言，在存储容量上存在较大的差异性：由于嵌入式系统对体积的严格要求，很难有与之相匹配的大容量介质，因此它不能实现大容量的存储功能。嵌入式系统作为装置或设备的一部分，外在展现出来通常是一个控制程序存储在 ROM 中的嵌入式处理器控制板。在我们生活所见，所有带有数字接口的设备都会应用嵌入式系统，如手表、手机、微波炉等。

嵌入式系统装置一般都由嵌入式计算机系统和执行装置组成，嵌入式计算机系统是整个嵌入式系统的核心，由硬件层、中间层、系统软件层和应用软件层组成。执行装置也称为被控对象，它可以接受嵌入式计算机系统发出的控制命令，执行所规定的操作或任务。执行装置可以很简单，如手机上的一个微小型的电机，当手机处于振动接收状态时打开；也可以很复杂，如智能机器人，上面集成了多个微小型控制电机和多种传感器，从而可以执行各种复杂的动作和感受各种状态信息。

嵌入式系统经过了几十年的发展，现在应用嵌入式系统技术的智能终端产品随处可见；小到人们身边的手机、手表，大到航天航空的卫星系统，嵌入式系统的应用十分广泛。嵌入式系统在不断改变着人们的生活，推动着工业生产以及国防科技的发展。如果把物联网用人体做一个简单比喻，传感器相当于人的眼睛、鼻子、皮肤等感官，网络就是神经系统用来传递信息，嵌入式系统则是人的大脑，在接收到信息后要进行分类处理。这个例子很形象地描述了传感器、嵌入式系统在物联网中的位置与作用。

目前可以这样说，只要是涉及电子控制的行业，都会用到技术。嵌入式系统是软硬件结合的产物，相比于单独的软件或硬件，嵌入式领域较新，但嵌入式系统发展非常快。现在从事嵌入式系统工作的有两种人：一种是学电子、通信专业出身；另一种是学软件、计算机专业的人。我们大多数人没有条件进入甚至没有接触过嵌入式系统行业，更谈不上能有机会接受专业人士的指导，再加上进入嵌入式系统行业需要学习的内容复杂，所以这个行业的门槛较高，行业人才稀缺，导致嵌入式系统人才身价也水涨船高。

第三节　物联网在智慧城市中的应用模式

物联网将极大地改变目前的生活方式，发展前景广阔。物联网把生活拟人化了，万物成了人的"同类"。在这个物物相连的世界中，物品能够彼此进行交流，而无需人的干预。物联网利用射频自动识别技术，通过计算机互联网实现物品的自动识别和信息的互联与共享。

物联网用途广泛，遍及众多领域。物联网把新一代 IT 技术充分运用在各行各业之中，具体地说，就是把感应器嵌入和装备到各种物体中，然后与现有的互联网整合起来，实现人类社会与物理系统的整合，在这个整合的网络当中，存在能力超级强大的中心计算机群，能够对整合网络内的人员、机器、设备和基础设施实施实时的管理和控制。在此基础上，人类可以以更加精细和动态的方式管理生产和生活，达到智能状态，提高资源利用率和生产力水平，改善人与自然间的关系。

一、物联网在智慧城市中的应用功能

物联网的应用最基础的功能特征是：提供无处不在的连接和在线服务。在此基础上，当前物联网应用的现状可以用以下十大功能的实现来概括：

在线监测：这是物联网应用中比较基本的功能，物联网业务一般以集中的在线实时监测为主，人为干预控制为辅。

定位追溯：一般基于 GPS（或其他卫星定位，如北斗）和无线通信技术，或只依赖于无线通信技术的定位，如基于移动基站的定位、RTLS 等。

报警联动：主要提供事件报警和提示，有时还会提供基于工作流或规则引擎的报警联动功能。

指挥调度：基于时间排程和事件响应规则的指挥、调度和派遣功能。

预案管理：基于预先设定的规章或法规对事物产生的事件进行处置。

安全隐私：由于物联网所有权属性和隐私保护的重要性，物联网系统必须提供相应的安全保障机制。

远程维保：利用物联网技术进行远程维护保养等工作，主要适用于企业产品售后联网服务。

在线升级：这是保证物联网系统本身能够正常运行的手段，也是企业产品售后自动服务的手段之一。

领导桌面：主要指商业智能面板或商业智能个性化门户，经过多层过滤提炼的实时资讯，可供主管负责人实现对全局的"一目了然"。

统计决策：指的是基于对联网信息的数据挖掘和统计分析，提供决策支持和统计报表功能。

二、物联网在智慧城市中的应用领域

物联网的应用领域十分广泛，遍及人类生活、社会生产、国防建设、科技发展等方方面面，它把新一代 IT 技术充分运用在了各行各业之中。国际电信联盟曾经有报告这样描绘"物联网"时代的图景：当司机出现操作失误时汽车会自动报警；公文包会提醒主人忘带了什么东西；衣服会"告诉"洗衣机对颜色和水温的要求等。

有关物联网的应用范围，可以用"任何行业"来描述。在当前物联网技术水平限制下，我们可以将短时间内能够广泛应用的行业单独梳理出来，形成物联网应用的十大领域：交通、物流、安防、能源环保、医疗、建筑、零售、家居、制造和农业。

（一）交通

物联网与交通的结合主要体现在人、车、路的紧密结合，使得交通环境得到改善，交通安全得到保障，资源利用率在一定程度上也得到提高。

具体应用在智能公交车、共享单车、车联网、充电桩监测、智能红绿灯、智慧停车等方面，而互联网企业中竞争较为激烈的方面是车联网。智能交通的未来发展在于增强数据采集多样性，提高系统协同性，降低行业成本，培育更加适合地域与行业的新模式。

（二）物流

在物联网、大数据和人工智能的支撑下，物流的各个环节已经可以进行系统感知、全面分析处理等功能。

而在物联网领域的应用，通过在物流商品中植入传感芯片（节点），供应链上的购买、生产制造、包装/装卸、堆栈、运输、配送/分销、出售、服务等每一个环节都能无误地被感知和掌握。结合物联网技术，还可以监测运输车辆的位置、状态、油耗、速度等。这些感知信息与后台的 GIS/GPS 数据库无缝结合，成为强大的物流信息网络。

目前，该行业的几大应用已全部实现了物联网数字化，未来应加强物流数字化水平，利用大数据、人工智能等算法实现物流数据化，满足客户的个性化需求。

（三）安防

人们还是挺重视安全的，所以安防的市场也非常大。传统的安防依赖人力，而智能安防可以利用设备，减少对人员的依赖。最核心的是智能安防系统，主要包括门禁、报警、监控，视频监控用得比较多，同时该系统可以传输存储图像，也可以分析处理。

智能安防的未来发展在于提高识别精准度，深挖垂直行业的解决方案，发展民用市场，实现从数字化向智能化方向转变。

（四）能源环保

在能源环保方面，与物联网的结合包括水能、电能、燃气以及路灯、井盖、垃圾桶这类环保装置。例如智慧井盖可以监测水位，智能水电表可以远程获取读数；将水、电、光能设备联网，可以提高利用率，减少不必的损耗。

智慧能源现阶段还在探索商业模式阶段，未来政府应提高政策保障，企业应解决能源设备互联互通问题，同时加快节能设备的更换速度。

（五）医疗

在医疗领域，以 RFID 为代表的自动识别技术可以帮助医院实现对病人不间断地监控、会诊和共享医疗记录，以及对医疗器械的追踪等；还可以将数据形成电子文件，方便查询。此外在医疗的可穿戴设备方面，通过传感器可以实时监测人的心跳频率、体力消耗、血压高低等身体数据，实现了人对身体情况的实时掌握。

在智能医疗领域，我国刚处于起步阶段，未来应设计多场景应用传感器，挖掘更多的以人为主的医疗场景，同时加快提高医院医疗数字化水平。

（六）建筑

建筑与物联网的结合，体现在节能方面，与医院医疗设备的管理类似，智慧建筑对建筑设备感知，可以节约能源，同时减少运维的人员成本。

通过感应技术，建筑物内照明灯能自动调节光亮度，实现节能环保，建筑物的运作状况也能通过物联网及时发送给管理者。同时，建筑物与 GPS 系统实时相连接，在电子地图上准确、及时反映出建筑物空间地理位置、安全状况、人流量等信息。未来应从建筑内单纯的设备节能，向设备间的子系统协同发展，进而可向不同建筑系统的协同发展。

（七）零售

行业内将零售按照距离，分为了三种不同的形式：远场零售、中场零售、近场零售。物联网技术应用于零售领域，主要应用于近场零售，即无人便利店和自动（无人）售货机。通过将传统的售货机和便利店进行数字化升级、改造，打造无人零售模式，从而可以节省人力成本，提高经营效率。

未来应着重利用获取的数据，通过人、场景等定位，对数据分析后进行用户画像描述，实现对用户的精准推荐。

（八）家居

家居与物联网的结合，使得很多智能家居类的企业走向物物联动。而智能家居行业的发展首先是单品连接，物物联动处于中间阶段，最终阶段是平台集成。

利用物联网技术，就可以在办公室指挥家庭电器的操作运行，在下班回家的途中，家里的饭菜已经煮熟，洗澡的热水已经烧好，个性化电视节目将会准点播放；家庭设施能够自动报修；冰箱里的食物能够自动补货。

智慧家居未来发展方向是自单品向物物联动发展，同时制定行业标准，根据客户需要，个性化定制智能家居产品，打造多个智能家居入口。

（九）制造

制造领域涉及行业范围较广。制造与物联网的结合，主要是数字化、智能化的工厂，有机械设备监控和环境监控。环境监控是温湿度和烟感。

设备厂商们能够远程升级维护设备，了解使用状况，收集其他关于产品的信息，利于以后的产品设计和售后。目前，工厂数字化水平还未实现，未来应提高工业设备的数字化水平，挖掘原有设备数据的价值，提高设备间的协同能力。

（十）农业

农业与物联网的融合，表现在农业种植、畜牧养殖。农业种植利用传感器、摄像头、卫星来促进农作物和机械装备的数字化发展。如某品牌的S1温湿度传感器，能准确地感知周围环境的温度和湿度情况，可用手机APP随时观察。

而畜牧养殖通过耳标、可穿戴设备、摄像头来收集数据，然后分析并使用算法判断畜禽的状况，精准管理畜禽的健康、喂养、位置、发情期等。

当前，已经能简单的实现农作物、水果类以及畜牧产品的监测，未来发展应降低系统解决成本，着重获取农业数据，培育市场，提高农业数字化水平。

我国物联网产业规模近些年来持续增长，同时在关键技术上已经取得了一定的成果，竞争优势不断增强。但物联网是一个非常大的产业，涉及方方面面，物联网应用还处于初级阶段。物联网作为获取数据的入口，有很大的发展潜能。通过物联网技术获取数据，利用云技术、边缘计算、人工智能技术分析处理，可以让我们的生活更加数字化、智能化。我国作为发展物联网产业应用的重要国家，有望在这新一轮的世界竞争中脱颖而出。

三、应用案例

物联网用途广泛，遍及智能交通、环境保护、政府工作、公共安全、平安家居、智能消防、工业监测、环境监测、路灯照明管控、景观照明管控、楼宇照明管控、广场照明管控、老人护理、个人健康、花卉栽培、水系监测、食品溯源、敌情侦察和情报搜集等方方面面。在我们实际生活中也有许许多多我们已经在使用的基于物联网技术的产品，诸如电子监管码、公交车雷达、电子不停车收费系统（ETC）等，在此我们随机选取几个做得比较好的物联网应用案例重点介绍。

（一）智能水利

面对大自然气候变迁和极端气候，建构水资源的智能安全管理系统，为国土规划治理当中重要的一环。智能水利涵盖了水文、水质、水资源、供水、排水、防汛防涝等各方面，是通过各种信息感测设备，测量雨量、水位、水量、水质等水利要素，通过无线终端设备和互联网进行信息传递，以实现信息智能化识别、定位、跟踪、监控、计算、管理、模拟。

在这个安全系统下，除了持续透过防洪治水机制，一起来保障大家的生命和财产安全外，让民众和各行各业都能安心用水，满足社会、环境及经济的可持续性发展，亟需要跨域整合，应用通信科技及造水新技术，引导水利产业的新方向及发展模式。专业的水利管理署需以专业精神服务民众，然而在传统的专业上，若是无法确保每个环节有纯粹的掌握，无从产生新的体会或是深层的感受，则无法诱发创新的元素，创造新的价值，这也是水利产业创新服务价值的关键。

（二）老人看护系统

随着银发族时代来临，各国老年人口急速攀升，大多数子女忙于职场，并没有太多时间在家照顾年长者。老人看护系统是指利用讯息采集的技术，搜集老人的活动讯息，再将这些信息透过无线网络传到计算机上，分析数据后传到子女的手机里，以便照护。

年长者戴上嵌入三轴加速器、温度计、血压器的手表，或是在其鞋子上嵌入压力传感器以便记录一天的活动状态，传感器会将搜集到的资料通过网络传输到计算机进行分析，进而判断其身体状况。若出现异常状态，可能经由三轴加速器变异状况判断是否跌倒，或是血压器及温度计数值异常，透过无线网络建立传送讯息让子女实时得知。老人看护系统无论对个人还家庭都有很大的用处，让子女在事业上努力之余也能关心父母的身体状况。

（三）智慧安防

某市传感网中心的传感器产品在上海浦东国际机场和上海世博会被成功应用—首批 1500 万元的传感安全防护设备销售成功，设备由 10 万个微小传感器组成，散布在墙头墙角及路面。传感器能根据声音、图像、振动频率等信息分析判断，爬上墙的究竟是人还是猫狗等动物。多种传感手段组成一个协同系统后，可以防止人员的翻越、偷渡、恐怖袭击等攻击性入侵。

由于效率高于美国和以色列的"防入侵产品"，中国民航局正式发文要求，全国民用机场都要采用国产传感网防入侵系统。若全国近 200 家民用机场都加装防入侵系统，将产生上百亿的市场规模。

（四）上海世博会上会说话的饭盒

在上海世博园区的罗森便利店里，顾客拿起一盒贴过 RFID 的盒饭，把它放到店里的识别机器上，就可以很清楚地看到这盒饭的所有"出生信息"，包括快餐所使用的所有原料的供应商——例如鸡软骨，由某养殖加工有限责任公司提供，西兰花，由某食品有限公司提供……令人不放心的食品来源问题不再不可探究。

便利店的收银员也不再需要将商品一一拿出对准条形码扫描，而可以一次扫描数十盒盒饭，这大大缩短了顾客排队的时间。由此带来的配送、物流体系改革，将大幅提升供货效率。

四、物联网在智慧城市中的应用模式

物联网的应用模式根据实质用途可以归结为两大类：智能标签和智能控制。智能标签是通过二维码、NFC、RFID 等技术标识特定的对象，用于区分对象个体，例如在生活中我们使用的各种智能卡，条码标签的基本用途就是用来获得对象的识别信息；此外通过智能标签还可以用于获得对象物品所包含的扩展信息，例如智能卡上的金额余额，二维码中所包含的网址和名称等。智能控制基于云计算和智能网络可以依据传感器网络用获取的数据支持决策，对监测对象的行为进行管控，例如根据光线的强弱调整路灯的亮度，根据车辆的流量自动调整红绿灯间隔等。

物联网技术是一项综合性的技术，是一项系统，目前国内还没有哪家公司可以全面负责物联网的整个系统规划和建设，但是理论上的研究已经在各行各业展开，而实际应用模式还仅局限于各行业内部。关于物联网整体应用的规划和设计以及研发关键在于 RFID、传感器、嵌入式软件以及传输数据计算等领域的研究。

一般来讲，各种物联网应用模式的开展都不外乎如下步骤：

1. 对物体属性进行标识，属性包括静态和动态的属性，静态属性可以直接存储在标签中，动态属性需要先由传感器实时探测；

2. 需要识别设备完成对物体属性的读取，并将信息转换为适合网络传输的数据格式；

3. 将物体的信息通过网络传输到信息处理中心，由信息处理中心完成物体通信的相关计算。

当前主流的物联网应用模式大概有五种：产品型、产品—服务型、服务型、服务—结果型、结果型。下面是对这五种应用模式的逐一解释：

（一）产品型应用模式

这种模式可以帮助您为客户提供一个物联网产品和软件。您可以在通知客户所需成本后逐步升级软件，它将直接反映用户端的结果。

例子：我们举一个自动驾驶汽车的例子。公司不必再向用户提供任何产品，而是通过更新车载模型和应用程序来不断改进汽车。公司可以启用一个新功能，并发送通知使用户更新。后者只需更新系统就可以使用该功能。

您还可以使用此模型收集数据，以创建信息服务产品，从而最终使用产品—服务型模式进行销售。

（二）产品—服务型应用模式

这一版本混合了传统的产品应用模式和较新的服务应用模式。此模式能使组织提供一个实体的物联网产品和信息模型。根据收集的数据向产品提供信息服务，此举将确保收入增加并实现竞争优势。持续提供信息，从分析的数据中大赚一笔，进而强化消费者流程，就是这种应用模式成功的关键。

例子：让我们以"联网车辆"为例。借助附加的车载诊断Ⅱ型（On-board Diagnostic Ⅱ）芯片，用户将能够获知温度、转数、压力、发动机负荷、车辆位置和燃油数量。这种信息化模式保证了车辆的安全，更加节油，最终会降低维护成本。这些信息或数据是预防性维护的关键，使客户能够了解车辆的健康状况，从而避免发生任何事故。

（三）服务型应用模式

这种应用模式是XAAS：一切即服务。公司利用物联网解决方案租用实物产品，并为它的运行或工作期间付费。服务型应用模式不仅包括软件或实体产品，还包括信息产品。该模式帮助组织在一个特定期间为客户提供物联网服务，从而产生可预测的经常性收入。然而，您的物联网解决方案除了必须具有服务价值，还必须根据客户的期望相一致，从而调整他们接受和消费的服务的方式，并改变付款方法。

例子：让我们以喷气发动机为例。客户不想自己拥有发动机的同时要自己进行维护，所以，他们从卖方那里通过物联网租赁了几台喷气发动机，卖方还要提供预测分析来实施维护。客户只需为引擎运行的时间和为其带来收益的时间付费。

（四）服务—结果型应用模式

在服务—结果型应用模式中，卖方成为业务合作伙伴。服务—结果型模式有两方面特性。第一个方面与服务型模式类似，但并不注重提供单一的解决方案，而是通过产品线来获取收益。另一方面包括利用结果赚钱，或根据解决方案的业绩赚钱。

服务—结果型应用模式有一个额外的节约收益项，能鼓励供应商改善其客户的业务。这种情况下，额外的收益项就是削减客户的人力运营成本。

例子：让我们以采矿业为例。公司不再直接提供采矿设备，而是向客户提供设备的物联网解决方案，并使用物联网解决方案收集数据，公司据此可以进一步根据性能更佳的设备参数来调整其他设备。通过采用服务—结果型应用模式，买方和卖方都获得业务增值。这使他们能够建立一条基准线，并按阶段/里程碑来产生增量收入或增量节约的百分比。

（五）结果型应用模式

最后一个的应用模式包括了整个物联网生态系统，它汇集了物联网技术的生产者（厂商）和消费者（客户），从而使提供的解决方案带来经济效益。客户不再与多个供应商合作，因为客户自身成为能够提供预期结果的生态系统之一。

这超越了完全根据业绩付款的服务—结果型应用模式，使得供应商的应用模式与客户的应用模式相一致。

例子：让我们以智能农业为例。为了实现高效农业，结果型应用模式侧重于提供捆绑式解决方案。该模式不再提供单独的解决方案来监测土壤湿度、阳光和二氧化碳排放量，而是提供一整套解决方案，将以上工作统统纳入。在个体上，每个单独的产品类别都具备价值，但是在联合之后，它们能够相辅相成，创造出的价值比起独立相加的价值还要更大。这不仅为客户提升了解决方案的盈利性，而且根据每个单独解决方案产生结果，供应商也成为客户的一种收入来源。

第四节　物联网在智慧城市中的应用现状

物联网从提出到现在已有 20 多年，但受全球各国重视是 2008 年和 2009 年这两年，各国纷纷推出物联网相关政策，我国也开启了物联网发展里程碑的年份，并列为了国家五大新兴战略性产业之一。经过十余年发展，我国物联网已不再停留在概念层面，而是成为发展迅速、体系健全、应用广泛的一大黄金产业。

一、国内应用状况

我国物联网发展的巨大进步，除了科技创新、技术变革之外，还要归功于学校、企业、研究所等社会机构的积极参与和国家政府的方向性指导以及相关法规政策上的扶助。本节我们从国内物联网概况、社会如何参与物联网建设和政府对物联网的支持举措三个方面来分析我国物联网的当前状态。

2009 年 8 月，时任国务院总理温家宝提出"感知中国"以来，中国物联网被正式列为国家五大新兴战略性产业之一，写入"政府工作报告"，物联网在中国受到了全社会极大的关注，其受关注程度是美国、欧盟以及其他各国不可比的。

在应用发展方面，物联网已在中国公共安全、民航、交通、环境监测、智慧电网、农业等行业得到初步规模性应用，部分产品已打入国际市场，如智能交通中的磁敏传感节点已布设在美国旧金山的公路上；中高速图传设备销往欧洲，并已安装于警用直升机；周界防入侵系统水平处于国际领先地位。

总体看来，中国物联网研究没有盲目跟从国外，而是面向国家重大战略和应用需求，开展物联网基础标准体系、关键技术、应用开发、系统集成和测试评估技术等方面的研究，形成了以应用为牵引的特色发展路线，在技术、标准、产业及应用与服务等方面，接近国际水平，使中国在该领域占领价值链高端成为可能。

（一）我国物联网技术应用的优势及成果

尽管我国的物联网技术在发展时间上相对于国外起步较晚，在核心技术的掌握能力上稍落后于发达国家，但如今在社会生活中的应用也变得越来越多，共享单车、移动 POS 机、电话手表、移动售卖机等产品都是物联网技术的实际应用。同时我们现阶段在大力推进的智慧城市、智慧物流、智慧农业、智慧交通等场景中也都用到了很多物联网技术。

物联网在中国迅速崛起得益于我国在物联网方面的五大优势：

第一，我国早在1999年就启动了物联网核心传感网技术研究，研发水平处于世界前列；

第二，在世界传感网领域，我国是标准主导国之一，专利拥有量高；

第三，我国是能够实现物联网完整产业链的国家之一；

第四，我国无线通信网络和宽带覆盖率高，为物联网的发展提供了坚实的基础设施支持；

第五，我国已经成为世界第二大经济体，有较为雄厚的经济实力支持物联网发展。

基于我国在物联网发展中的这五大优势，我们国家在物联网技术方面可以说是不遗余力，社会各界都在积极的推进物联网产业发展，让物联网技术在短时间内应用到各个经济发展领域。概括地讲，当前我国的物联网在以下四个方向成果显著。

第一，物联网创新了社会管理模式。物联网的广泛应用正在改变传统社会管理模式，在线监测、实时感知、远程监控成为管理新亮点，极大地创新了社会治理模式。无论是安全生产、社会治安防控，还是危险源监控和应急救灾等领域，物联网应用都实现了在线实时管理，极大地提高了突发事件预判和应急处置能力。

第二，物联网促进了绿色低碳的实施。物联网应用促进了各领域用料、用能、用水的精细化，减少了资源浪费，提高了资源利用率，降低了污染物排放。工业物联网技术的广泛应用，让工厂生产线具备了自我感知能力，根据材料配方需要，实时、精准地用料、用水和用能，提高生产资料的利用率，降低废水、废气等污染物排放。能源物联网的发展促进了物联网技术在能源生产、传输、存储和利用各环节的应用，实现用能的实时感知、精准调度、故障判断、预测性维护。

第三，物联网延伸了开放合作的定义。物联网应用不仅加强了人与人之间连接，更加强了人与物、物与物直接的连接，打通了人与物、物与物之间信息流通渠道，促进了物与物之间的协作。工业物联网应用将不同流水线、不同车间、不同工厂内的机器连接在一起，组成了一个标准化通信的开放网络，强化了机器之间信息流动，促进了机器之间、流水线之间、车间之间、工厂之间的协同协作。

第四，物联网开启了共建共享新模式。由于物联网的软硬件接口、传输协议等标准化，促成了物联网网络互联和信息互动，使得各类开放式的物联网公共服务平台得到了快速发展。视频监控物联网公共服务平台促进了公安、交通、金融、环保、国土等部门视频监控网络的共建共享，统一视频探头，统一视频监控网络，统一数据存储中心。不仅减少了各部门重复投资建设，而且大大提高了网络利用率和覆盖率。

经过了以这些应用成果为主的大量实践后，我国的物联网行业人士也发现了运营物联网的战略控制点是物联网平台。在连接价值逐渐下降、数据为王的时代，只有把控好物联网管理平台才能参与分享未来物联网的最大蛋糕，这也是现阶段各运营商、设备供应商和行业巨头们共同的选择。

（二）社会参与

1. 高校研究

物联网在中国高校的研究，最初的聚焦点在北京邮电大学和南京邮电大学。作为"感知中国"的中心，无锡市 2009 年 9 月与北京邮电大学就传感网技术研究和产业发展签署合作协议，标志中国"物联网"进入实际建设阶段。无锡市将与北京邮电大学合作建设研究院，内容主要围绕传感网，涉及光通信、无线通信、计算机控制、多媒体、网络、软件、电子、自动化等技术领域。此外，相关的应用技术研究、科研成果转化和产业化推广工作也同时纳入议程。

为积极参与"感知中国"中心及物联网建设的科技创新和成果转化工作，保持、扩大学校在物联网研究领域的优势。南京邮电大学召开物联网建设专题研讨会，及时调整科研机构和专业设置，新成立了物联网与传感网研究院、物联网学院。2009 年 9 月 10 日，全国高校首家物联网研究院在南京邮电大学正式成立。而此时，南邮"无线传感器网络研究中心"的研究者与"物联网"打交道已有五六年，在实验室一些"物联网"产品已经初见雏形。此外，南京邮电大学还有系列举措推进物联网建设的研究：设立物联网专项科研项目，鼓励教师积极参与物联网建设的研究；启动"智慧南邮"平台建设，在校园内建设物联网示范区等。

（1）高校开设物联网相关专业

2010 年 6 月 10 日，江南大学为进一步整合相关学科资源，推动相关学科跨越式发展，提升战略性新兴产业的人才培养与科学研究水平，服务物联网产业发展，江南大学信息工程学院和江南大学通信与控制工程学院合并组建成立"物联网工程学院"，也是全国第一个物联网工程学院。

2012 年 6 月，教育权威数据在物联网爱好者论坛建立开设物联网工程专业的物联网学校查询系统，专为物联网工程专业学生服务，方便大家查询开设物联网工程专业院校。

（2）校企联合建设物联网科技园

2011 年 4 月，长安大学为加快建设特色鲜明的大学，推动陕西省（国家物联网中心）相关学科跨越式发展，推动地方经济，服务物联网产业发展，长安大学和西安浐灞生态区共建"长安大学科技园"，也是全国第一个拥有直接服务于物联网板块的国家级大学科技园。

长安大学科技园占地面积 80 亩，建筑面积 130000m²，长安大学联合具有较强技术转化实力的一些企业打造物联网产业园区，依托西安地区科研综合实力和人才优势，重点发展超高频 RFID、高端传感器的研发及技术转换转让，打造物联网器件集散、物联网行业应用解决方案集聚、物联网产品展示以及研发办公、商业配套。

（3）逐步规范物联网专业课程

2010 年初，教育部下达了高校设置物联网专业申报通知，众多高校争相申报。由于物联网涉及的领域非常广泛，从技术角度，主要涉及的现有高校院系与专业有：计算机科学与工程、电子与电气工程、电子信息与通信、自动控制、遥感与遥测、精密仪器、电子商务等。在一些物联网应用相关的专业，如建筑与智能化、土木工程、交通运输与物流、节能与环保等，很多开设了选修课或在研究生、博士生阶段设置相关交叉学科的学位。

物联网可以是一个"专业"，但不一定是一个"学科"。在"物联网专业"设置之初，国内有些专家极力反对，因为定位不清，一个学校往往有好几个院系争夺"物联网专业"的申报，又不是一个明确的学科，难以培养出真正的专业人才，培养出来的人可能是"万金油"，懂得多但是不精。但是和许多高校设置的"电子商务"专业一样，"电子商务"也有同样的定位不清问题，只要高校设置的物联网专业能够培养出社会需要的专业人才，尤其是跨专业复合型人才，就可以设置，不必拘泥于它究竟属于哪个现有的"学科"。

经过多年的发展，设置物联网专业的争议已不存在，国内几十所高校现在都已经有了物联网或物联网工程等相关专业。下面我们列出了一些常见的物联网专业课程：《物联网：技术、应用、标准和商业模式》《C 语言程序设计》《Java 语言程序设计教程》《现代无线传感器网络概论》《短距离无线数据通信入门与实战》《TCP/IP 网络与协议》《嵌入式系统技术教程》《传感器技术》《射频识别（RFID）技术原理与应用》《现场总线技术及应用教程》《中间件技术原理与应用》。物联网产业发展的关键在于应用，软件是灵魂，语言是工具，中间件是产业化的基石，对于有志于物联网技术发展的人来说，可以参考这些高校物联网专业课程，进行系统地学习和研究。

2. 物联网三角平台

中国物联网校企联盟基于自身拥有的庞大行业及高校资源，参与到物联网建设浪潮中。中国物联网校企联盟打造了一个中国物联网共赢圈—三角平台。这个三角平台有三种角色：学生/待业、教师/高校、企业/猎头，任何想要了解或者涉足物联网的人员，在这里都可以找到定位和需求。除了中国物联网校企联盟外还有很多的社会组织机构利用自身先进的物联网理念不断推动中国物联网产业的发展，希望越来越多的组织加入其中来，大家在中国营造一个良好、健康、可持续发展的物联网氛围。

（三）政府措施

近几年来，我国高度重视物联网的发展，且把物联网上升为国家战略产业。物联网技术创新成果接连涌现，各领域应用持续深化，产业规模保持快速增长。中国在物联网关键技术研发、应用示范推广、产业协调发展和政策环境建设等方面取得了显著成效，成为全球物联网发展最为活跃的地区之一。这些可喜的成果当然离不开政府的大力支持，为促进物联网产业高速健康发展，我国政府筹划了大量保障措施。

我国政府对物联网产业发展的重视不可谓不够提前，早在"十二五"期间，工业和信息化部就提出了物联网已成为当前世界新一轮经济和科技发展的战略制高点之一，发展物联网对于促进经济发展和社会进步具有重要的现实意义。为抓住机遇加快培育和壮大物联网，更是在《物联网"十二五"发展规划》中直接提出了五大措施：第一，建立统筹协调机制；第二，营造政策法规环境；第三，加大财税支持力度；第四，注重国际技术合作；第五，加强人才队伍建设。

物联发展，政策先行。为更好地推进我国物联网发展，中国物联网政策支持力度不断加大，近几年国家相关部门出台了一系列政策和激励措施，使我国物联网领域在技术标准研究、应用示范和推进、产业培育和发展取得了很多进步。物联网产业的发展离不开国家政策的支持，下面是我国近年来相继发布的物联网相关的政策文件。

2019 年 9 月，在世界物联网博览会上，中国经济信息社发布《2018—2019 中国物联网发展年度报告》，指出我国物联网政策支持力度持续加大，政策聚焦重点应用和产业生态，物联网产业规模已达万亿元。

2018 年 12 月 12 日，中国信息通信研究院联合业界共同发布《物联网白皮书（2018 年）》，内容涵盖全球物联网最新发展态势、应用发展情况、关键技术产业进展、我国物联网发展现状及发展建议等多个方面。把握全球物联网最新发展态势，研判物联网传感器、芯片模组、网络、平台关键环节的技术产业进展情况，梳理消费物联网、智慧城市物联网、生产性物联网三类物联网应用现状及驱动因素，在对我国物联网现阶段情况归纳总结的基础上，提出我国物联网"建平台"与"用平台"双轮驱动、"补短板"和"建生态"相互促进、"促应用"和"定标准"共同推进、"保安全"与"促发展"相互促进的发展策略建议。

2017 年 1 月，工业信息化部发布了《物联网发展规划（2016—2020）》，规划在物联网产业生态布局、技术创新体系、标准建设、物联网的规模应用以及公共服务体系的建设上都提成了具体的思路和发展目标。

2016 年 12 月，国务院发布了《"十三五"国家信息化规划》，推进物联网感知设施规划布局，发展物联网开环应用，实施物联网重点应用示范工程，推进物联网应用区域试点，建立城市级物联网接入管理与数据汇聚平台，深化物联网在城市基础设施、生产经营等环节中的应用。

2016 年 7 月，国务院发布了《中共中央关于制定国民经济和社会发展第十三个五年规划的建设》，"十三五"规划将全面落地，助力物联网行业加速发展。物联网智能化已经不再局限于小型设备阶段，而是进入完整的智能工业化领域。一同发展的还有起到支撑作用的大数据、云计算、虚拟现实等多方位技术也一同助力支撑着整个大生态环境物联网化的变革。

2015 年 2 月，《国务院关于促进云计算创新发展培育信息产业新业态的意见》发布，云计算是推动信息技术能力实现按需供给、促进信息技术和数据资源充分利用的全新业态，是信息化发展的重大变革和必然趋势。发展云计算，有利于分享信息知识和创新资源，降低全社会创业成本，培育形成新产业和新消费热点，对稳增长、调结构、惠民生和建设创新型国家具有重要意义。

自"十二五"以来，我国政府对物联网的支持力度从未减弱，不断从产业发展、资金、战略和就业等方向进行引导和推动。尤其在物联网产业发展的初期阶段，政府力量在很长一段时间内都是物联网产业的主要推动因素。

二、国外应用案例

（一）美国

思科已经开发出"智能互联建筑"解决方案，为位于硅谷的美国网域存储技术有限公司节约了15％的能耗；美国政府目前正在推动与墨西哥边境的"虚拟边境"建设，该项目依靠传感器网络技术，据报道仅其设备采购额就高达数百亿美元；IBM提出了"智慧地球"的概念，并已经开发出了涵盖智能电力、智能医疗、智能交通、智能银行、智能城市等多项物联网应用方案。

"智慧地球"提出"把传感器嵌入和装备到电网、铁路、桥梁、隧道、公路、建筑、供水系统、大坝、油气管道等各种物体中，并且被普遍连接，形成所谓物联网，并通过超级计算机和云计算将物联网整合起来，实现人类社会与物理系统的整合"。"智慧地球"其本质是以一种更智慧的方法，利用新一代信息通信技术来改变政府、公司和人们相互交互的方式，以便提高交互的明确性、效率、灵活性。新一代的智慧基础设施建设将为未来的科技创新开拓巨大的空间，有利于增强国家的长期竞争力；还能够提高对于有限的资源与环境的利用率，有助于资源和环境保护；计划的实施将能建立必要的信息基础设施。

目前，美国已在多个领域应用物联网，例如得克萨斯州的电网公司建立了智能的数字电网。这种数字电网可以在发生故障时自动感知和回报故障位置，并且自动路由，10s之内就恢复供电。该电网还可以接入风能、太阳能等新能源，大大有利于新能源产业的成长。相配套的智能电表可以让用户通过手机控制家电，给居民提供便捷的服务。

（二）欧盟

欧盟围绕物联网技术和应用做了不少创新性工作。在欧盟较为活跃的是各大运营商和设备制造商，他们推动了物联网技术和服务的发展。

从目前的发展看，欧盟已推出的物联网应用主要在以下方面：随着各成员国在药品中开始使用专用序列码的情况逐渐增多，确保了药品在到达病人前均可得到认证，减少了制假、赔偿、欺诈和分发中的错误。由于使用了序列码，可方便地追踪到用户的产品，从而提高了欧洲在对抗不安全药品和打击制假方面的措施力度。此外，一些能源领域的公共性公司已开始部署智能电子材料系统，为用户提供实时的消费信息。同时，电力供货商可对电力的使用情况进行远程监控。在一些传统领域，比如物流、制造、零售等行业，智能目标推动了信息交换，提高了生产周期的效率。

（三）日本和韩国

日本和韩国早在 2004 年就都推出了基于物联网的国家信息化战略，分别称作 u-Japan 和 u-Korea。"u" 代指英文单词 "ubiquitous"，意为"普遍存在的，无所不在的"。该战略是希望催生新一代信息科技革命，实现无所不在的便利社会。

物联网在日本已渗透到人们衣食住中：松下公司推出的家电网络系统可供主人通过手机下载菜谱，通过冰箱的内设镜头查看存储的食品，以确定需要买什么菜，甚至可以通过网络让电饭煲自动下米做饭；日本还提倡数字化住宅，通过有线通信网、卫星电视台的数字电视网和移动通信网，人们不管在屋里、屋外或是在车里，都可以自由自在地接收信息服务。

u-Japan 战略的理念是以人为本，实现所有人与人、物与物、人与物之间的连接。为了实现 u-Japan 战略，日本进一步加强官、产、学、研的有机联合，在具体政策实施上，将以民、产、学为主，政府的主要职责就是统筹和整合。

韩国信息通信产业部在 2004 年成立了 "u-Korea" 策略规划小组，并在 2006 年确立了相关政策方针。经过十几年的发展，至 2018 年韩国物联网已经全面覆盖了整个物联网产业链领域，包括 RFID 产品线、传感器及传感网络节点、通信技术产品、系统集成和软件、物联网整体解决方案等所有种类。韩国的物联网技术在个人生活、工业、安保、交通、环保、电力、物流等诸多领域都有广泛的应用。

三、全球物联网发展

物联网本身并不是全新的技术，而是在原有基础上的提升、汇总和融合。物联网作为一种融合发展的技术，其产业在自身发展的同时，同样会带来庞大的产业集群效应。保守估计，传感技术在智慧交通、公共安全、重要区域防入侵、环保、电力安全、平安家居、健康监测等诸多领域的市场规模均超过百亿甚至千亿。到 2020 年，物物互联业务与现有人人互联业务之比达到 30∶1，物联网产业有可能成为下一个万亿级的产业。

目前全球物联网产值大约 15 万亿美元，预计到 2025 年，全球物联网产值将达到 30 万亿美元的体量。其中，美国、中国、日本、德国、韩国等世界五大物联网支出大国将发挥主导作用，引领物联网市场发展。从国家来看，中美在物联网市场保持强劲的发展势头，2019 年美国和中国将成为物联网支出的全球领导者，分别为 1940 亿美元和 1820 亿美元，其次是日本（654 亿美元）、德国（355 亿美元）、韩国（257 亿美元）、法国（256 亿美元）和英国（255 亿美元）。

　　根据权威机构预测，截至 2022 年，中国物联网支持规模将达 3000 亿美元，占全球物联网市场的 1/4 以上，超越美国成为最大的物联网市场。另外，IDC 分析称，智能家庭、智能家电等可在家庭中应用的技术将飞速发展。美国《福布斯》杂志评论未来的物联网将比现有的 Internet 大得多，市场前景将远远超过计算机、互联网、移动通信等市场。

　　总体而言，全球物联网发展还处于初级阶段，但已具备较好的基础。未来几年，全球物联网市场规模将出现快速增长。微加速度计、压力传感器、微镜、气体传感器、微陀螺等器件也已在汽车、手机、电子游戏、生物医疗、传感网络等消费领域得到广泛应用，大量成熟技术和产品的诞生为物联网大规模应用奠定了基础。

　　随着发达国家和地区纷纷出台物联网相关政策进行战略布局，全球物联网产业将呈现快速增长的态势，希望我们中国在新一轮信息产业发展中能够抢占先机。这样的增长态势持续下去，未来 10 年全球的物联网无疑都将实现数量和质量的飞跃，实现大规模普及和商用，走进普通人家。

第五节　物联网的发展目标与任务

一、物联网发展目标

　　从网络发展角度看，今后 10～40 年发展物联网技术的第一要务是要建设让大众快捷获取信息和知识、能有效协同工作、生活更加高品质的信息网络，我国物联网发展的 10 年目标是把我国初步建成物联网技术创新国家。2017 年国务院印发了《深化"互联网＋先进制造业"发展工业互联网的指导意见》，该意见提出三个阶段发展目标：到 2025 年，覆盖各地区、各行业的工业互联网网络基础设施基本建成，工业互联网标识解析体系不断健全并规模化推广，基本形成具备国际竞争力的基础设施和产业体系；到 2035 年，建成国际领先的工业互联网网络基础设施和平台，工业互联网全面深度应用并在优势行业形成创新引领能力，重点领域实现国际领先；到 21 世纪中叶，工业互联网创新发展能力、技术产业体系以及融合应用等全面达到国际先进水平，综合实力进入世界前列。

总体来讲物联网产业在中国的发展令人期待，中国物联网产业发展更加具体的目标主要有以下三点：

第一，自主创新能力明显增强，攻克一批核心关键技术，在国际标准制定中掌握重要话语权，初步实现"两端赶超、中间突破"即在高端传感、新型 RFID、智能仪表、嵌入式智能操作系统、核心芯片等感知识别领域和高端应用软件与中间件、基础架构、云计算、高端信息处理等应用技术领域实现自主研发，技术掌控力显著提升；在 M2M 通信、近距离无线传输等物联网网络通信领域取得实质性技术突破，跻身世界先进行列。

第二，具有国际竞争力的产业体系初步形成。在传感器与传感器网络、RFID、智能仪器仪表、智能终端、网络通信设备等物联网制造产业，通信服务、云计算服务、软件、高端集成与应用等物联网服务业，以及嵌入式系统、芯片与微纳器件等物联网关键支撑产业等领域培育一批领军企业，初步形成从芯片、软件、终端整机、网络、应用到测试仪器仪表的完整产业链，初步实现创新性产业集聚、门类齐全、协同发展的产业链及空间布局。

第三，物联网应用水平显著提升。建成一批物联网示范应用重大工程，在国民经济和民生服务等重点领域物联网先导应用全面开展；国家战略性基础设施的智能化升级全面启动，宽带、融合、安全的下一代信息网络基础设施初步形成。

二、中国物联网发展任务

我国物联网产业的发展，大大促进了人们社会生活、日常工作的信息化和智能化水平提升。继续推进物联网的发展，提高经济竞争力是我国下一阶段的主要工作。加大对物联网技术的研究和对物联网产业布局的优化，健全物联网产业链，以及促进产业的协同发展就是中国物联网发展的主要任务，具体可以划分为七个方面：

（一）对互操作性足够包容

物联网还处在初始阶段，这意味着标准、协议、网络功能以及所有的互联互通点都可能正在形成当中，所有供应商都需要表现得足够包容，以确保他们的技术在整个物联网领域中最终能够占有一席之地。保持开放的心态和开放的标准将是中国物联网产业化发展最关键的计划之一。

（二）朝更高的目标迈进

所有物联网技术应该基于一个更高的社会目标，这个目标不仅与物联网技术有关，它还应该致力于建设"智慧城市"，应该把注意力放在对社会活动、慈善事业和环境保护的贡献上，更高目标在于为所有人创造更好的生活环境。

（三）更加重视质量

随着进入信息高速发展阶段，企业业务利润将越来越低，企业的运营系统设计得越来越精确。这意味着，物联网设备运行的软件代码质量将变得更加重要，软件制造商需要以前所未有的方式为机能效率提供证据。物联网需要硬件和软件"构建"质量来提升运行性能。

（四）引入区块链，但仍需谨慎

区块链的不可篡改和数字加密技术对处理记账和确保物联网系统交易的完整性特别有帮助。我们现在必须了解什么是区块链，同时我们也须切记：不可篡改和数字加密并不意味着无法破解，即便是区块链，也可以通过记录文件进行逆向分析。我们必须与时俱进，并根据具体使用情境谨慎采用区块链技术。

（五）采用订阅商业模式

随着物联网的发展，联网产品将逐渐颠覆现有产品所有权概念，以自动驾驶汽车为例，消费者购买的是驾驶里程，而不是汽车。这是 Canonical 公司设备与物联网执行副总裁 Mike Bell 的观点，他同时也是 Ubuntu 操作系统服务专家，Bell 认为，我们正在朝着"资产收益"和"消费大于设备投入"的方向发展，而这不仅局限在汽车领域。

（六）为物联网公民提供优质服务

在物联网初始阶段，我们总是被设备、传感器、小配件和小玩意迷住；在下一阶段，我们应该透过这些现象去了解贯穿物联网始终的那些数据，这不仅仅是为了加强物联网数据安全（虽然也应该如此），而是需要知道我们如何从物联网数据湖中编织一种基于软件的服务新架构，并开始了解我们使用哪些应用程序来提供让生活与工作更美好的服务。

（七）了解自动化

目前，自动化变得越来越重要，对物联网也不例外。展望过去的十几年，我们必须了解自动化的含义，一方面它意味着物联网设备的自动更新，在更深层次上，它还意味着根据定义的参考模板和最佳实践自动生成代码和自动处理工作。

三、物联网发展前景与趋势

物联网的发展，在中国已经上升到国家战略的高度，必将有大大小小的科技企业受益于国家政策扶持，进入产业物联网化的过程中。从行业的角度来看，物联网主要涉及的行业包括电子、软件和通信，通过电子产品标识感知识别相关信息，通过通信设备和服务传导传输信息，最后通过计算机处理存储信息。而这些产业链的任何环节都会开成相应的市场，汇总在一起的市场规模就相当大，可以说，物联网产业链的细化将带来市场进一步细分，造就一个庞大的物联网产业市场。

根据美国研究机构 Forrester 预测，物联网所带来的产业价值将比互联网大 30 倍，物联网将成为下一个万亿美元级别的信息产业业务。全球物联网设备连接数量高速增长，物联网市场规模也在不断增长，万物互联成为全球网络未来发展趋势。随着全球物联网市场的不断拓展，中国物联网产业规模以及多样性也在持续扩大，行业生态体系逐步完善，中国物联网的发展呈现出以下十大趋势：

趋势一：物联网与移动互联网融合发展成为信息产业的主要驱动。数字经济下，数据成为非常重要的资产，而物联网设备作为产生和抓取数据的源头将成为智能物联时代的入口。在波浪式前行的信息通信业发展进程中，移动互联网与物联网被认为是两大产业发展浪潮：移动互联网主要面向个人用户，较为侧重于大众消费性、全球性服务；而物联网主要面向社会生产和社会管理，较为侧重于行业性、区域性服务。当前，移动互联网正在进入高速普及时期，用户规模、数据流量、智能终端出货量、应用服务等方面均呈迅猛发展态势，而物联网的发展也开始起步，并有可能成为下一个万亿级的产业。两大产业周期出现交叠，带来物联网与移动互联网融合发展的重大机遇。

趋势二：物联网智慧小镇将会优先于智慧城市应用推广。在智慧城市建设过程中，物联网所发挥的作用不容忽视，物联网为城市交通、水电、医疗等行业的协调、高效运作提供着有力的技术保障，使市政管理人员对城市的管理变得更加科学和合理。但智慧城市涉及的范围太大，物联网技术的应用需要克服的困难多且复杂。智慧小镇作为新型智慧城市理念的延伸和拓展，是建设新型智慧城市的落脚点。

趋势三：运营商将在 5G 和 NB-IoT 基站共同发力完善网络基础建设。5G 和 NB-IoT 技术已被选中用于在全国范围内部署，以支持智慧城市、共享单车以及智慧农业等。运营商都在加快布局 5G 和低功耗广域网络，给物联网带来新的功能和商用落地。

趋势四：工业物联网将从平台搭建期进入解决方案完善期。工业物联网作为价值经济，发展驱动力在于解决和优化工业、能源、交通等行业各个环节以及企业的相关发展问题。随着前期平台搭建基本完善，后期整体的物联网解决方案有望在 3～5 年内逐渐布局和成功落地应用。

趋势五：NB-IoT 将激发智能家居等物联网应用场景爆发。NB-IoT的低功耗、广覆盖、海量连接等特点能够满足智能锁、智能水电抄表、智能家电、安防报警、智能穿戴等应用，简化终端的复杂度、减少功耗，控制成本的同时实现海量连接以及信号传输。

趋势六：车联网 V2X 频段的确定将吸引更多企业巨头加速布局。就是把汽车变成驾驶员眼睛的神器，它可以在驾驶员注意到之前看见突然跑上公路的小鹿或者用车身侧部看见驾驶员难以注意到的拐角处的停车标志然后提醒驾驶员。随着智能网络汽车使用 5905～5935MHz 频段的确定，车联网产业的发展吸引着众多巨头紧随其后，抓住机遇出谋划策解决方案。

趋势七：2020 年消费物联网将会取得跨越式发展。消费性物联网，即物联网与移动互联网相融合的移动物联网，孕育出穿戴设备、智能硬件、智能家居、智能出行、健康养老等规模化的消费类应用。各大互联网企业积极探索构建的消费物联网应用生态以及消费类应用产品创新环境的不断优化，消费物联网产业规模也将不断壮大。

趋势八：边缘计算与云计算双轮驱动带动物联网的应用。边缘计算不仅可以帮助解决物联网应用场景对更高安全性、更低功耗、更短时延、更高可靠性、更低带宽的要求，还可以大限度的利用数据，进一步地缩减数据处理的成本，在边缘计算的支持下，大量物联网场景的实时性和安全性得到保障。"云一边一端"协同实现的纵向数据赋能是边缘计算在物联网的最大价值。物联网生态之争愈演愈烈，边云双核心加快布局。云端数据处理能力开始下沉，更加贴近数据源头，使得边缘成为物联网产业的重要关口。中国信息通信研究院数据显示，未来将有超过 75％的数据需要在网络边缘侧分析、处理与储存，故边缘计算成为新一轮布局重点，多路巨头立足优势纷纷进入，包括通信企业、工业企业和互联网企业等。

趋势九：2020 年解决方案在物联网行业投融资份额将超过 50％。全球物联网技术在迅速发展，大部分的物联网解决方案和市场距离成熟估计还需 5～10 年，小部分 IoT 技术可能在 5 年内实现，物联网解决方案还是蓝海市场，玩家也会蜂拥而来。

趋势十：安全状况堪忧，预测物联网安全事故同比增长近 6 倍。在物联网行业快速发展的背景下，物联网安全事件频发，全球物联网安全支出将不断增加。当前，基于物联网的攻击已经成为现实。据高德纳公司（Gartner，又译顾能公司）调查，近 20% 的企业或者相关机构在过去 3 年内遭受了至少一次基于物联网的攻击。为了防范安全威胁，高德纳公司预测 2020 年全球物联网安全支出将达到 26 亿美元。其中，终端安全支出约 5.41 亿美元，网关安全支出约 3.27 亿美元，专业服务支出约 15.89 亿美元。

四、物联网发展面临的挑战

（一）中国物联网面临的挑战

我国应用的物联网核心技术不仅受到了政府部门的高度重视，在互联网的技术创新上，有着广阔的发展前景。物联网核心技术的推广和发展应用固然可以带来巨大的经济效益和良好的社会效益，但要进一步加快和有效推动物联网的安全和可持续健康发展，仍然需要研究和解决一些基础性的问题，主要就是物联网核心技术、信息安全、产品的研发等几个方面。

1. 核心技术有待突破

信息技术基础关键技术的逐步普及和产业发展的进一步扩大，促进了我国对于物联网信息基础关键技术的初步研究发展和基本形成。虽然我国目前对于物联网信息基础关键技术的发展还只是处于初始应用研究和投入应用的初级阶段，存在的关键技术应用问题比较多，一些新的物联网基础关键技术还未完全形成，但目前我国急需这些信息基础技术进行优先发展，尤其是一些物联网相关传感器应用芯片上的接入控制技术。

射频识别、传感器和芯片等技术使物联网的基础信息感知核心技术受制于人，"卡脖子"的现象十分严重，核心基础理论和物联网关键技术的攻关课题研究不深入，产学研相互割裂，技术和相关产品滞后于国外技术发展步伐，存在严重的技术代沟。由于物联网缺乏统一的通用型物联网程序运行应用平台和操作系统开发应用平台，一定程度上制约着通用型物联网传感器和应用程序的技术规模化和发展。物联网缺乏成熟通用的低功耗物联网操作系统节点传感器和组网模块化技术，组网节点协议的稳定性和节点网络数据传输速率稳定性有待进一步提高。

2. 标准规范缺乏国际标准

物联网信息技术的进一步发展一定程度上依赖于互联网信息技术的发展。一方面，我国的互联网信息技术处于稳步提升的发展态势，但尚未形成较为完善的物联网标准和技术体系。另一方面，受制于当前国际上各国在感应物联网设备和技术的发展进程方面存在较大差异，在短时间内难以形成统一的物联网信息技术的国际标准规范。

3. 信息安全和保护隐私的问题

电子计算机信息技术和移动互联网信息技术在不断从多方面改变人们的工作或者生活方式的同时，也对于人们的网络信息安全和个人隐私保护提出一定的要求和挑战。这种信息安全问题在未来物联网信息技术的应用和发展中也将具有重要的影响。物联网信息技术主要的特点就是通过自动感知的技术获取信息，因此，如果不及时采取有效的信息安全控制措施，会直接导致自动感知信息的设备无法获取，同时感应信息的设备由于其识别物体信息能力的局限性，在对特定物体信息进行自动感知的操作过程中容易造成无限制信息追踪的问题，从而对于用户的隐私安全造成严重威胁。

传统安全数据防护的技术难以完全跟上现代物联网技术和安全产品发展的步伐。物联网安全的问题正处在互联网大规模病毒爆发的前夜，随着对物联网的大规模研发和应用，尤其是随着互联网通用的传输安全协议和先进的通用网络安全操作系统的发展和出现，对物联网安全病毒的广泛传播和控制提供了良好的有利条件。目前网络安全市场上能够做传统互联网安全的公司和厂商很多，但是做物联网安全的创业公司却不多。由于和我们传统的互联网应用环境下的安全管理有很大的差别，大部分的物联网安全公司都只是擅长于对物联网的应用，但是对于物联网安全几乎都没有太多的涉及。无论是对物联网的数据集采安全，还是对物联网的接入安全数据管理、组网安全数据管理、网络数据安全入侵的监测、网络安全威胁态势的感知、物联网安全应用病毒的监测，目前很少有物联网公司能够做这么多安全方面的产品和物联网技术的储备和研究。

4. 缺乏物联网接入产品安全评测、风险评估和等级认证制度

我国的智能物联网技术和产品被广泛应用到了包括国防军队、工业过程控制、智能轨道交通、智慧城管、智能家居和智慧健康医疗等在内的各个重要领域，这些物联网领域的智能物联网技术和产品的应用安全性已经涉及国家安全，涉及经济社会稳定，涉及消费者的个人隐私。然而，目前

大多数物联网领域的智能物联网的应用和产品都基本上是经过厂商加工生产后直接就地应用，未经过任何国家或者权威的第三方检测机构安全性能评测、风险评估或者权威等级检测机构认证，产品的应用稳定性、安全性和产品的可靠性都存在较大的风险和隐患。

（二）全球物联网的共同的挑战

1. 多边供应链市场的难题。目前互联网产业综合平台已经占据了前端的关键服务入口，如移动社交、电商、搜索、出行等，撮合了前端的需求与后端的供给。物联网产业综合平台虽然一直处于物联网产业供应链枢纽的位置，但物联网平台的后端供给方往往无法直接为平台提供前端的服务，需要直接嵌入服务到平台与需求方的一个供应链中才能充分发挥其价值。一个物联网综合平台是个 B2B2C 或者一个 B2B2B 的多边市场结构，中间的供给方 B 端就是另一个物联网产业综合平台的供应链核心服务需求方，也是物联网产业综合平台实际意义上的供应链主导方。这也就意味着一个物联网综合平台的提供商所要面对的仅仅是一个 B 端类型的物联网服务供应链市场，身处后端的多边供应链核心位置。处于理想环境中的多边供应链市场，短期内难以完全建立。

2. 解决企业边际生产成本的问题。与传统的互联网以及虚拟市场经济的企业边际生产成本的递减不同（甚至可以说是企业边际零成本），物联网的技术需要逐渐深入很多大公司的边际生产和服务领域，这就会产生两个主要方面的边际成本需求：一是企业对生产域的基础硬件成本投入，如软件模组、芯片等，以一个夯实的连接网络为基础，这样就会形成企业对刚性成本的约束；二是满足企业对物联网解决方案的高度个性化诉求。这要求物联网开发和综合服务平台的提供方在开发和服务的过程中需要投入大量人力、物力，帮助企业和客户完善、优化物联网系统，实现企业既有的生产域基础设施与既有物联网综合平台的深度有效对接。

3. 解决生态信息流转的问题。物联网生态综合服务平台需要提供的物联网核心生态信息服务主要是基于"连接"的标准化能力，即辅助系统搭建与生态数据采集以及信息处理。这两者的生态信息沉淀都是需要时间经历一个积累、完善、再提升的生态螺旋上升的过程。目前，物联网的标准化生态中，尚未完全缺乏一种能够在多个生态的参与方中实现生态流转的"标准化产品"。这如同肌体一旦缺少了血液，必然难以形成激活整个生态的体系。

第六节　物　联　网　安　全

物联网是新一代信息技术的重要组成部分。这有两层意思：第一，物联网的核心和基础仍然是互联网，是在互联网基础上的延伸和扩展的网络；第二，其用户端延伸和扩展到了任何物品与物品之间，进行信息交换和通信。因此，物联网的定义是通过射频识别（RFID）、红外感应器、全球定位系统、激光扫描器等信息传感设备，按约定的协议，把任何物品与互联网相连接，进行信息交换和通信，以实现对物品的智能化识别、定位、跟踪、监控和管理的一种网络。物联网（Internet of Things）指的是将无处不在（Ubiquitous）的末端设备（Devices）和设施（Facilities），包括具备"内在智能"的传感器、移动终端、工业系统、楼控系统、家庭智能设施、视频监控系统等、和"外在使能"（Enabled）的，如贴上RFID的各种资产（Assets）、携带无线终端的个人与车辆等"智能化物件或动物"或"智能尘埃"（Mote），通过各种无线和/或有线的长距离和/或短距离通信网络实现互联互通（M2M）、应用大集成（Grand Integration），以及基于云计算的 SaaS 营运等模式，在内网（Intranet）、专网（Extranet）、和/或互联网（Internet）环境下，采用适当的信息安全保障机制，提供安全可控乃至个性化的实时在线监测、定位追溯、报警联动、调度指挥、预案管理、远程控制、安全防范、远程维保、在线升级、统计报表、决策支持、领导桌面（集中展示的 Cockpit Dashboard）等管理和服务功能，实现对"万物"的"高效、节能、安全、环保"的"管、控、营"一体化。

随着"云计算"、物联网等新技术的兴起和由此带来的产业变革，信息安全问题日益凸显，如"云计算"带来的存储数据安全问题、黑客攻击损失以及保护隐私的法律风险，物联网设备的本地安全问题和在传输过程中端到端的安全问题等，信息安全正在告别传统的病毒感染、网站被黑及资源滥用等阶段，迈进了一个复杂多元、综合交互的新时期。

业界普遍认为，我国应从加快网络安全立法步伐、提升全民的网络安全意识以及减少对国外的技术依赖等方面，来应对日益严峻的信息网络安全形势。从某种意义上，通过自主创新，实现我国重要信息系统装备、技术国产化的目标尤为迫切。当前我国重要信息系统主要采用了国外的信息技术、装备，对国家安全构成了诸多潜在的威胁。以物联网为例，由于它在很多场合都需要无线传输，这种暴露在公开场所之中的信号很容易被窃取和干扰，一旦这些信号被国外敌对势力利用，对我国进行恶意攻击，就很可能出现全国范围内的工厂停产、商店停业、交通瘫痪，让整个社会陷入混乱。

"云计算"技术发展也对提升我国网络安全自主防护能力提出迫切要求。"云计算"将导致全球的信息资源、服务和应用不可避免地向国际信息产业巨头集中，全球绝大多数的信息存储和数据处理业务将被国际巨头所掌握。如果大量的信息聚合后被加以分析、利用，国家信息安全将受到严峻挑战。

一、安全威胁举例

物联网面临哪些重要的安全威胁？与传统互联网面临的安全威胁有哪些不同？对这个问题的讨论，我们以感知层的传感网、RFID 为例进行展开。

首先，传感网络是一个存在严重不确定性因素的环境。广泛存在的传感智能节点本质上就是监测和控制网络上的各种设备，它们监测网络的不同内容、提供各种不同格式的事件数据来表征网络系统当前的状态。然而，这些传感智能节点又是一个外来入侵的最佳场所。从这个角度而言，物联网感知层的数据非常复杂，数据间存在着频繁的冲突与合作，具有很强的冗余性和互补性，且是海量数据。它具有很强的实时性特征，同时又是多源异构型数据。因此，相对于传统的 TCP/IP 网络技术而言，所有的网络监控措施、防御技术不仅面临更复杂结构的网络数据，同时又有更高的实时性要求，在网络技术、网络安全和其他相关学科领域面前都将是一个新的课题、新的挑战。

其次，当物联网感知层主要采用 RFID 技术时，嵌入了 RFID 芯片的物品不仅能方便地被物品主人所感知，同时其他人也能进行感知。特别是当这种被感知的信息通过无线网络平台进行传输时，信息的安全性相当脆弱。如何在感知、传输、应用过程中提供一套强大的安全体系作保障，是一个难题。

同样，在物联网的传输层和应用层也存在一系列的安全隐患，亟待出现相对应的、高效的安全防范策略和技术。只是在这两层可以借鉴 TCP/IP 网络已有技术的地方比较多一些，与传统的网络对抗相互交叉。

总之，物联网的安全必须引起各阶层的高度重视。

从物联网的体系结构而言，物联网除了面对传统 TCP/IP 网络、无线网络和移动通信网络等传统网络安全问题之外，还存在着大量自身的特殊安全问题，并且这些特殊性大多来自感知层。我们认为物联网的感知层面临的主要威胁有以下几方面：

（一）安全隐私问题

射频识别技术被用于物联网系统时，RFID 标签被嵌入任何物品中，比如人们的日常生活用品中，而用品的拥有者不一定能觉察，从而导致用品的拥有者不受控制地被扫描、定位和追踪，这不仅涉及技术问题，而且还将涉及法律问题。

（二）智能感知节点的自身安全问题

即物联网机器/感知节点的本地安全问题。由于物联网的应用可以取代人来完成一些复杂、危险和机械的工作，所以物联网机器/感知节点多数部署在无人监控的场景中。那么攻击者就可以轻易地接触到这些设备，从而对它们造成破坏，甚至通过本地操作更换机器的软硬件。

（三）受假冒攻击

由于智能传感终端、RFID 电子标签相对于传统 TCP/IP 网络而言是"裸露"在攻击者的眼皮底下的，再加上传输平台是在一定范围内"暴露"在空中的，"窃扰"在传感网络领域显得非常频繁，并且容易。所以，传感器网络中的假冒攻击是一种主动攻击形式，它极大地威胁着传感器节点间的协同工作。

（四）数据驱动攻击

数据驱动攻击是通过向某个程序或应用发送数据，以产生非预期结果的攻击，通常为攻击者提供访问目标系统的权限。数据驱动攻击分为缓冲区溢出攻击、格式化字符串攻击、输入验证攻击、同步漏洞攻击、信任漏洞攻击等。通常向传感网络中的汇聚节点实施缓冲区溢出攻击是非常容易的。

（五）恶意代码攻击

恶意程序在无线网络环境和传感网络环境中有无穷多的入口。一旦入侵成功，之后通过网络传播就变得非常容易。它的传播性、隐蔽性、破坏性等相比 TCP/IP 网络而言更加难以防范，如类似于蠕虫这样的恶意代码，本身又不需要寄生文件，在这样的环境中检测和清除这样的恶意代码将很困难。

（六）拒绝服务

这种攻击方式多数会发生在感知层安全与核心网络的衔接之处。由于物联网中节点数量庞大，且以集群方式存在，因此在数据传播时，大量节点的数据传输需求会导致网络拥塞，产生拒绝服务攻击。

（七）传输层和应用层的安全隐患

在物联网络的传输层和应用层将面临现有 TCP/IP 网络的所有安全问题，同时还因为物联网在感知层所采集的数据格式多样，来自各种各样感知节点的数据是海量的，并且是多源异构数据，带来的网络安全问题将更加复杂。

（八）物联网业务的安全问题

由于物联网节点无人值守，并且有可能是动态的，所以如何对物联网设备进行远程签约信息和业务信息配置就成了难题。另外，现有通信网络的安全架构都是从人与人之间的通信需求出发的，不一定适合以机器与机器之间的通信为需求的物联网络。使用现有的网络安全机制会割裂物联网机器间的逻辑关系。

（九）信息安全问题

感知节点通常情况下功能单一、能量有限，使得它们无法拥有复杂的安全保护能力，而感知层的网络节点多种多样，所采集的数据、传输的信息和消息也没有特定的标准，所以无法提供统一的安全保护体系。

二、物联网十大安全事件

（一）2007 年，时任美国副总统迪克·切尼心脏病发作，被怀疑源于他的心脏除颤器无线连接功能遭暗杀者利用。这被视为物联网攻击造成人身伤害的可能案例之一。

（二）2013 年，美国知名黑客萨米·卡姆卡尔在"YouTube"网站发布一段视频，展示他如何用一项名为 SkyJack 的技术，使一架基本款民用无人机能够定位并控制飞在附近的其他无人机，组成一个由一部智能手机操控的"僵尸无人机战队"。

（三）2014 年西班牙三大主要供电服务商超过 30％的智能电表被检测发现存在严重的安全漏洞，入侵者可以利用该漏洞进行电费欺诈，甚至直接关闭电路系统，对社会造成很大影响。

（四）2016 年 10 月，一场超大规模的 DDoS 攻击整垮了大半个美国互联网。此次发动网络攻击的黑客，利用了一个由 150 万台设备组成的

"僵尸网络"，大部分设备为网络摄像头。

（五）2017 年 3 月，智能玩具泄漏了 200 万父母与儿童语音信息。Spiral Toys 旗下的 CloudPets 系列动物填充玩具遭遇数据泄漏，敏感客户数据库受到恶意入侵。此次事故泄漏信息包括玩具录音、MongoDB 泄漏的数据、220 万账户语音信息、数据库勒索信息等。这些数据被保存在一套未经密码保护的公开数据库当中。

（六）2017 年 11 月，智能家居设备存在漏洞，吸尘器秒变监视器。Check Point 研究人员表示 LG 智能家居设备存在漏洞，黑客可以利用该漏洞完全控制一个用户账户，然后远程劫持 LG SmartThinQ 家用电器，包括冰箱、干衣机、洗碗机、微波炉以及吸尘机器人，并将它们转换为实时监控设备。

（七）2018 年 6 月，智慧城市漏洞多达 17 个，水库恐被一夜清空：罗马不是一日建成的，"毁"掉一座智慧城市却不困难。IBM 研究团队发现，Libelium、Echelon 和 Battelle 三种智慧城市主要系统中存在多达 17 个安全漏洞，包括默认密码、可绕过身份验证、数据隐码等，攻击者利用这些漏洞能够控制报警系统、篡改传感器数据，轻而易举左右整个城市交通。

（八）2018 年 9 月，"学院派"黑客利用门锁漏洞，轻松盗走特斯拉汽车。比利时 KU Leuven 大学研究人员发现，只需要大约价值 600 美元的无线电和树莓派等设备就能开走一辆特斯拉汽车。同样的攻击方法还能"窃取"迈凯伦汽车和 Karma 汽车，以及凯旋摩托车，因为同特斯拉汽车一样，这些都使用了被发现存在安全缺陷的 Pektron 遥控钥匙系统。

（九）2018 年 11 月，亚马逊公布物联网操作系统漏洞。亚马逊公布物联网操作系统 FreeRTOS 以及 AWS 连接模块的 13 个安全漏洞，这些漏洞可能导致入侵者破坏设备，泄漏内存中的内容和远程运行代码，让攻击者获得设备完全的控制权。FreeRTOS 是专门为单片机设计的开源操作系统，已经被应用在包括汽车、飞机及医疗设备等 40 余种硬件平台。

（十）2018 年，国家药监局发布大批医疗器械企业主动召回公告，其中美敦力、GE、雅培等大牌均在列。召回设备包括磁共振成像系统、麻醉剂、麻醉系统、人工心肺机等。公告显示召回共涉及设备产品超过 24 万个，主要原因在于软件安全性不足。早在 2016 年底，白帽黑客发现可以远程控制美敦力心脏起搏器；2017 年，研究者发现网购的起搏器存在 8000 个程序漏洞，其中包括来自四大主流制造商的产品，极易遭受黑客攻击。

三、打响物联网安全保卫战

由于国家和地方政府的推动，当前物联网正在加速发展，物联网的安全需求日益迫切。理顺物联网的体系结构、明确物联网中的特殊安全需求，考虑怎么样用现有机制和技术手段来解决物联网面临的安全问题，是当务之急。

由于物联网必须兼容和继承现有的 TCP/IP 网络、无线移动网络等，因此现有网络安全体系中的大部分机制仍然可以适用于物联网，并能够提供一定的安全性，如认证机制、加密机制等。但是还需要根据物联网的特征对安全机制进行调整和补充。

可以认为，物联网的安全问题同样也要走"分而治之"、分层解决的路子。传统 TCP/IP 网络针对网络中的不同层都有相应的安全措施和对应方法，这套比较完整的方法，不能原样照搬到物联网领域，而要根据物联网的体系结构和特殊性进行调整。物联网感知层、感知层与主干网络接口以下的部分的安全防御技术主要依赖于传统的信息安全的知识。

（一）物联网中的加密机制

密码编码学是保障信息安全的基础。在传统 IP 网络中加密的应用通常有两种形式：点到点加密和端到端加密。从目前学术界所公认的物联网基础架构来看，不论是点点加密还是端端加密，实现起来都有困难，因为在感知层的节点上要运行一个加密/解密程序不仅需要存储开销、高速的 CPU，而且还要消耗节点的能量。因此，在物联网中实现加密机制原则上有可能，但是技术实施上难度大。

（二）节点的认证机制

认证机制是指通信的数据接收方能够确认数据发送方的真实身份，以及数据在传送过程中是否遭到篡改。从物联网的体系结构来看，感知层的认证机制非常有必要。身份认证是确保节点的身份信息，加密机制通过对数据进行编码来保证数据的机密性，以防止数据在传输过程中被窃取。

PKI 是利用公钥理论和技术建立的提供信息安全服务的基础设施，是解决信息的真实性、完整性、机密性和不可否认性这一系列问题的技术基础，是物联网环境下保障信息安全的重要方案。

（三）访问控制技术

访问控制在物联网环境下被赋予了新的内涵，从 TCP/IP 网络中主要给"人"进行访问授权、变成了给机器进行访问授权，有限制的分配、交互共享数据，在机器与机器之间将变得更加复杂。

（四）态势分析及其他

网络态势感知与评估技术是对当前和未来一段时间内的网络运行状态进行定量和定性的评价、实时监测和预警的一种新的网络安全监控技术。物联网的网络态势感知与评估的有关理论和技术还是一个正在开展的研究领域。

深入研究这一领域的科学问题，从理论到实践意义上来讲都非常值得期待，因为同传统的 TCP/IP 网络相比，传感网络领域的态势感知与评估被赋予了新的研究内涵，不仅仅是网络安全单一方面的问题，还涉及传感网络体系结构的本身问题，如传感智能节点的能量存储问题、节点布局过程中的传输延迟问题、汇聚节点的数据流量问题等。这些网络本身的因素对于传感网络的正常运行都是致命的。所以，在传感网络领域中态势感知与评估已经超越了 IP 网络中单纯的网络安全的意义，已经从网络安全延伸到了网络正常运行状态的监控；另外，传感网络结构更加复杂，网络数据是多源的、异构的，网络数据具有很强的互补性和冗余性，具有很强的实时性。

在同时考虑外来入侵的前提下，需要对传感网络数据进行深入的数据挖掘分析、从数据中找出统计规律性。通过建立传感网络数据析取的各种数学模型，进行规则挖掘和融合、推理、归纳等，提出能客观、全面地对大规模传感网络正常运行做态势评估的指标，为传感网络的安全运行提供分析报警等措施。

黑客利用物联网设备并不是新鲜事情。黑客们的手法也正在变得越来越成熟，物联网设备制造商应该在设计阶段就重视安全问题。大量的安全问题引发后，使得物联网安全问题再次引发热议，如何保障物联网领域的安全性问题将是人类慢慢探索的"专项任务"之一。

第七节　智　慧　城　市

一、智慧城市的概念

智慧城市概念源于 2008 年 IBM 公司提出的智慧地球的理念，被认为是信息时代城市发展的方向，文明发展的趋势，其实质是运用现代信息技术推动城市运行系统的互联、高效和智能，从而为城市人创造更加美好的生活，使城市发展更加和谐、更具活力。

智慧城市是城市与物联网相结合的产物，基于信息通信技术（ICT），全面感知、分析、整合和处理城市生态系统中的各类信息，实现各系统间的互联互通，对城市运营管理中的各类需求作出智能化响应和决策支持，优化城市资源调度，提升城市运行效率，提高市民生活质量，是现代化城市发展进程的必然阶段。

城市发展已基本完成了基础设施建设，开始由外部建设向内部治理转变。伴随城镇化进程的加快，交通拥堵、环境污染等城市问题凸显；伴随人们生活水平的提升，更加宜居、便捷、安全的城市生活成为人们的新追求；同时，在日益成熟的人工智能、大数据、云计算等技术推动下，智慧城市成功驶入城市建设轨道，并在政府的引领和企业的支持下取得快速发展。

2014年8月29日，发展改革委、工信部、科技部、公安部、财政部、国土部、住房城乡建设部、交通运输部8部委印发《关于促进智慧城市健康发展的指导意见》，要求各地区、各有关部门落实本指导意见提出的各项任务，以人为本、务实推进，以"人"为核心，围绕其构建智慧城市生态。到2020年，建成一批特色鲜明的智慧城市，聚集和辐射带动作用大幅增强，综合竞争优势明显提高，在保障和改善民生服务、创新社会管理、维护网络安全等方面取得显著成效，智慧城市试点数量见图4-1。

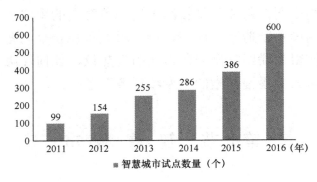

图 4-1　2011～2017 年我国智慧城市试点数量

"智慧城市"的参与者主要是政府和企业两大主体，智慧城市概念图见图4-2。

图 4-2　智慧城市概念图

二、智慧城市的应用

智慧城市应用主要体现在"城市公共服务、城市综合体、平安社会管理、安居服务、教育文化服务、交通、城市服务、居民健康保障"等方面。

（一）城市公共服务

建设智慧城市公共服务和城市管理系统。加强就业、医疗、文化、安居、服务等专业性应用系统的建设，提升城市建设和管理的规范化、精准化、智能化水平，有效促进城市公共资源共享，积极推动城市人流、物流、信息流、资金流的协调高效运行，加快推动城市发展转型升级。

（二）城市综合体

构建智能物联网，采用采集、识别、传感器、无线定位系统 RFID、条码识别等技术，对城市综合体进行智能感知、自动数据采集管理，包括商业、办公、餐饮、居住、旅店、展览、会议、文娱、信息通信等，将采集的数据可视化、规范化，让管理者能进行可视化的综合管理。

（三）平安社会管理

通过运行"智慧城市综合管理运营平台"，从政务中心计算机网络机房、智能监控系统到各生活小区数字化公共服务网络等系统，涵盖了政府的城市智慧系统，包括公安应急系统、社会应急抢险系统、公共服务系统、城市管理系统、经济分析系统、舆情分析系统，满足政府部门应急指挥和决策需要，提高快速反应速度。做到"事前预警，事中处理及时"。数据中心、共享数据平台数据共享，有效地将政府各个部门的数据信息互联互通，对整个所辖区域的人、车、物等实现全面的感知管控。

（四）安居服务

安居服务离不开社区。社区是城市的"细胞"，智慧社区作为智慧城市的重要组成部分，是社区管理的一种新模式和新形态，其以社区居民为服务核心，利用物联网、云计算、移动互联网等新一代信息通信技术的集成应用为居民提供安全、高效、舒适、便捷的居住环境，全面满足居民的生活和发展需求。

智慧社区包括社区内部和周边的各项服务，社区内主要包括智慧家庭、智慧物业、智慧照明、智慧安防、智慧停车等基础设施服务，社区周边主要包含智慧养老、智慧医疗、智慧教育、智慧零售、智慧金融、智慧家政、智慧能源等民生服务（图4-3）。

图 4-3　智慧社区概念图

（五）教育文化服务

建设完善城市教育城域网和校园网工程，积极推进教育文化体系建设，推动智慧教育事业发展，建立教育综合信息网、网络学校、网络课堂、教学资源库、虚拟图书馆、远程教育系统等资源共享数据库，及共享应用平台系统。推进再教育工程，提供多渠道的教育培训就业服务，建设学习型社会。

完善公共文化信息服务体系，深化"文化共享"工程建设，加快新闻出版、广播影视、电子娱乐等行业信息化产业步伐，整合信息资源，构建旅游信息服务平台，提供便捷的旅游服务，全方位提升文化产业品牌。

（六）交通

建设"智慧交通"网络工程，充分运用物联网、空间感知、云计算、移动互联网等新一代信息技术，对交通管理、交通运输、公众出行等交通领域全方面以及交通建设管理全过程进行管控支撑，建立以交通为导向的应急指挥、出租车和公交车管理等系统为中心的、统一智能化城市交通综合管理服务系统，实现交通信息资源共享、交通状况的实时监控和动态管理，在区域的空间范围具备感知、互联、分析、预测、控制等能力，以充分保障交通安全、发挥交通基础设施效能、提升交通系统运行效率和管理水平，为通畅的公众出行及可持续的经济发展服务。

（七）城市服务

推进传统服务企业经营、管理和服务模式创新，加快向现代智慧服务产业转型。利用物联网技术，推广射频识别（RFID）、多维条码、卫星定位、电子商务等信息技术在城市服务的应用。支持企业通过第三方电子商务平台，开展网络营销、网上支付等电子商务活动。加强在商贸服务、旅游、会展等现代服务业领域运用电子商务手段，创新服务方式，提高服务层次。鼓励发展以电子商务平台为聚合点的行业性公共信息服务平台，发展集产品展示、信息发布、交易、支付于一体的综合电子商务企业或行业电子商务网站。

（八）居民健康保障

加强"数字卫生"系统平台建设。建立以医院、社区卫生服务体系、网络为基础、构建全市区域化卫生信息管理为核心的综合卫生信息平台，强化医疗卫生单位信息系统之间的沟通和交互，建立全市居民电子健康档案；提升医疗和健康服务水平，保障居民的身心健康。

智慧城市是一个在不断发展中的概念，是城市信息化发展到一定阶段的产物，随着技术、经济和社会的发展不断持续完善。借助大数据、云计算、物联网、地理信息、移动互联网等新一代信息技术的强大驱动力，发展智慧应用，建立一套新型的、可持续的城市发展模式，从而勾勒出一幅未来"智能城市"的蓝图。

三、智慧城市应用案例：南方某市智慧城市发展现状概述

近年来，在智慧城市建设上，南方某市始终走在全国前列。如覆盖面广的移动支付、新颖的在线医疗模式、创新的物流运输模式，都受到较大关注。2016 年，南方某市被《中国新型智慧城市》白皮书评为"中国最智慧的城市"（图 4-4）。

图 4-4　南方某市智慧城市

图 4-5　数据大脑助力智慧交通

城市数据大脑，通过交通信号灯智能调控，再加上交警驻点执勤等综合治理模式，让这些交通乱点的交通状况马上大为改善（图 4-5、图 4-6）。

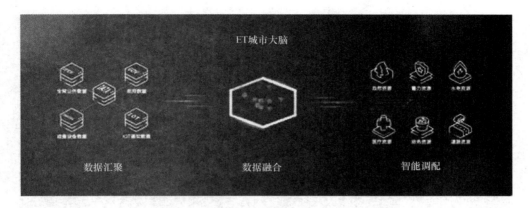

图 4-6　城市大脑

　　据了解，2017 年 7 月上线运行的城市数据大脑 V1.0 平台，目前已接入了路口、路段、高架匝道等点位 136 路，监控视频 249 路，相当于市区9％的规模。

图 4-7　监控的路口

　　该数据平台基于交通流理论和交通特性分析，整合高德地图数据和交警数据，通过速度差、失衡度、延误率等 16 项参数指标，科学设定交通堵点算法，对路口、快速路匝道以及道路断面每 2min 进行一次检测与计算。平台运行以来，成功实现交通堵点报警 4.67 万次、信号灯报警 1.63万余次，图 4-7 为监控的路口，图 4-8 为智慧城市控制室。

　　接下来，南方某市交警将着力推进"城市数据大脑"交通 V1.0 后续建设和 V2.0 项目的方案制定工作，并在 V2.0 研发中增加视频技术深度应用板块，将绕城公路单元纳入实施范围，争取早日建成运用。

　　此外，著名企业阿里巴巴加入南方某市智慧城市的加速建设。阿里巴巴"城市大脑"在南方某市主城区和某小区的试点中，有 80％的路口实

图 4-8　智慧城市控制室

现了老百姓开车"只等一个红绿灯"。例如，在南方某市主城区，"城市大脑"调控了某路区域的多个红绿灯，通行时间减少 15.3%，高架道路出行时间节省 4.6min。智慧城市概念流行十几年，至今仍没有一个成功的智慧城市样板出现，南方某市有望填补这个空白。

（一）支付宝帮助建设信息一体化的智慧社区

智慧社区以社区居民的居住舒适感为出发点，改变居民在社区中生活的方式，为社区居民提供一个安全、舒适、便利的现代化、智慧化生活环境，从而形成基于信息化、智能化社会管理与服务的一种新的管理形态的社区。

支付宝智慧社区邻易联管理服务平台将传统物业管理激活，通过支付宝将南方某市物业服务、物业公告、物业缴费、周边商铺、社区活动、社区圈子等诸多生活服务信息整合在一个覆盖 5.2 亿人使用的平台，以互联网思维及科技手段，实现了对社区内人、车、缴费、信息、生活服务等一站式管理，助力社区物业通过提升信息化、智能化水平，改善管理和服务，为社区居民提供全新的智能化生活体验。

随着物联网、云计算、大数据等先进技术的发展与完善，以及新一代信息技术的深度融合，结合科学技术并与时并进的支付宝智慧社区整体解决方案将成为未来社区发展的最优选择。

（二）让人工智能进入大中小型企业

南方某市将打造智能企业，让各家大中小型企业向智能化转型。

在技术开发上，大型企业和中小企业相比，具有人才、体量和资本上的优势，许多大型企业已经尝试在供应链、物流配送、资金流优化等环节开发人工智能。因此有人建议，由大型企业率先探路技术和应用模式，中小企业再紧跟其上。

南方某市的民营经济极具活力，如新零售等实体经济的智能应用场景发展，更是如火如荼，对中小企业的人工智能发展十分有利。正是看到中小企业对发展人工智能的需求，南方某市公司开放了人脸识别技术（人工智能引擎），让中小企业能站在"巨人的肩膀"上发展人工智能，与大型企业共同建设智慧城市。

（三）打造全面的智慧城市

南方某市移动的优质基础网络一直在为南方某市这座城市"领跑"全国乃至全球铺平道路。展望未来，南方某市亦有望借由以 NB-IoT 窄带物联网技术为代表的 5G 新技术应用而成为全国首个 5G 商用城市，成为推进城市国际化、打造世界名城的先行者。

南方某市还着重打造智慧政务。2017 年 11 月 30 日，"南方某市政务" APP 上线，以政务办理为重点，在解决群众"办事难"问题的同时，延伸数据收集面，成为集政务信息共享和数据资源积累于一身的移动政务端。目前，省政务服务网 APP 南方某市平台累计接入事项 86 项，其中公民个人办事事项 53 项、商事登记事项 33 项，图 4-9 为智慧城市手机 APP。

图 4-9　智慧城市手机 APP

此外，从智能路灯到智慧医疗，再到智慧生活的方方面面，南方某市审时度势，抓住机遇，紧跟国家大数据战略，必定能打造别具一格的国际化智慧城市。（来源：AsiaOTT 众视媒体 2018-03-15）

附件

工业和信息化部办公厅《关于全面推进移动物联网（NB-IoT）建设发展的通知》

工信厅通信函〔2017〕351号

各省、自治区、直辖市及新疆生产建设兵团工业和信息化主管部门，各省、自治区、直辖市通信管理局，相关企业：

建设广覆盖、大连接、低功耗移动物联网（NB-IoT）基础设施、发展基于 NB-IoT 技术的应用，有助于推进网络强国和制造强国建设、促进"大众创业、万众创新"和"互联网＋"发展。为进一步夯实物联网应用基础设施，推进 NB-IoT 网络部署和拓展行业应用，加快 NB-IoT 的创新和发展，现就有关事项通知如下：

一、加强 NB-IoT 标准与技术研究，打造完整产业体系

（一）引领国际标准研究，加快 NB-IoT 标准在国内落地。加强 NB-IoT 技术的研究与创新，加快国际和国内标准的研究制定工作。在已完成的 NB-IoT 3GPP 国际标准基础上，结合国内 NB-IoT 网络部署规划、应用策略和行业需求，加快完成国内 NB-IoT 设备、模组等技术要求和测试方法标准制定。加强 NB-IoT 增强和演进技术研究，与 5G 海量物联网技术有序衔接，保障 NB-IoT 持续演进。

（二）开展关键技术研究，增强 NB-IoT 服务能力。针对不同垂直行业应用需求，对定位功能、移动性管理、节电、安全机制以及在不同应用环境和业务需求下的传输性能优化等关键技术进行研究，保障 NB-IoT 系统能够在不同环境下为不同业务提供可靠服务。加快 eSIM/软 SIM 在 NB-IoT 网络中的应用方案研究。

（三）促进产业全面发展，健全 NB-IoT 完整产业链。相关企业在 NB-IoT 专用芯片、模组、网络设备、物联应用产品和服务平台等方面要加快产品研发，加强各环节协同创新，突破模组等薄弱环节，构建贯穿 NB-IoT 产品各环节的完整产业链，提供满足市场需求的多样化产品和应用系统。

（四）加快推进网络部署，构建 NB-IoT 网络基础设施。基础电信企业要加大 NB-IoT 网络部署力度，提供良好的网络覆盖和服务质量，全面增强 NB-IoT 接入支撑能力。到 2017 年末，实现 NB-IoT 网络覆盖直辖市、省会城市等主要城市，基站规模达到 40 万个。到 2020 年，NB-IoT 网络实现全国普遍覆盖，面向室内、交通路网、地下管网等应用场景实现深度覆盖，基站规模达到 150 万个。加强物联网平台能力建设，支持海量终端接入，提升大数据运营能力。

二、推广 NB-IoT 在细分领域的应用，逐步形成规模应用体系

（五）开展 NB-IoT 应用试点示范工程，促进技术产业成熟。鼓励各地因地制宜，结合城市管理和产业发展需求，拓展基于 NB-IoT 技术的新应用、新模式和新业态，开展 NB-IoT 试点示范，并逐步扩大应用行业和领域范围。通过试点示范，进一步明确 NB-IoT 技术的适用场景，加强不同供应商产品的互操作性，促进 NB-IoT 技术和产业健康发展。2017 年实现基于 NB-IoT 的 M2M（机器与机器）连接超过 2000 万，2020 年总连接数超过 6 亿。

（六）推广 NB-IoT 在公共服务领域的应用，推进智慧城市建设。以水、电、气表智能计量、公共停车管理、环保监测等领域为切入点，结合智慧城市建设，加快发展 NB-IoT 在城市公共服务和公共管理中的应用，助力公共服务能力不断提升。

（七）推动 NB-IoT 在个人生活领域的应用，促进信息消费发展。加快 NB-IoT 技术在智能家居、可穿戴设备、儿童及老人照看、宠物追踪及消费电子等产品中的应用，加强商业模式创新，增强消费类 NB-IoT 产品供给能力，服务人民多彩生活，促进信息消费。

（八）探索 NB-IoT 在工业制造领域的应用，服务制造强国建设。探索 NB-IoT 技术与工业互联网、智能制造相结合的应用场景，推动融合创新，利用 NB-IoT 技术实现对生产制造过程的监控和控制，拓展 NB-IoT 技术在物流运输、农业生产等领域的应用，助力制造强国建设。

（九）鼓励 NB-IoT 在新技术新业务中的应用，助力创新创业。鼓励共享单车、智能硬件等"双创"企业应用 NB-IoT 技术开展技术和业务创新。基础电信企业在接入、安全、计费、业务 QoS 保证、云平台及大数据处理等方面做好能力开放和服务，降低中小企业和创业人员的使用成本，助力"互联网＋"和"双创"发展。

三、优化 NB-IoT 应用政策环境，创造良好可持续发展条件

（十）合理配置 NB-IoT 系统工作频率，统筹规划码号资源分配。统筹考虑 3G、4G 及未来 5G 网络需求，面向基于 NB-IoT 的业务场景需求，合理配置 NB-IoT 系统工作频段。根据 NB-IoT 业务发展规模和需求，做好码号资源统筹规划、科学分配和调整。

（十一）建立健全 NB-IoT 网络和信息安全保障体系，提升安全保护能力。推动建立 NB-IoT 网络安全管理机制，明确运营企业、产品和服务提供商等不同主体的安全责任和义务，加强 NB-IoT 设备管理。建立覆盖感知层、传输层和应用层的网络安全体系。建立健全相关机制，加强用户信息、个人隐私和重要数据保护。

（十二）积极引导融合创新，营造良好发展环境。鼓励各地结合智慧城市、"互联网＋"和"双创"推进工作，加强信息行业与垂直行业融合创新，积极支持 NB-IoT 发展，建立有利于 NB-IoT 应用推广、创新激励、有序竞争的政策体系，营造良好发展环境。

（十三）组织建立产业联盟，建设 NB-IoT 公共服务平台。支持研究机构、基础电信企业、芯片、模组及设备制造企业、业务运营企业等产业链相关单位组建产业联盟，强化 NB-IoT 相关研究、测试验证和产业推进等公共服务，总结试点示范优秀案例经验，为 NB-IoT 大规模商用提供技术支撑。

（十四）完善数据统计机制，跟踪 NB-IoT 产业发展基本情况。基础电信企业、试点示范所在的地方工业和信息化主管部门和产业联盟要完善相关数据统计和信息采集机制，及时跟踪了解 NB-IoT 产业发展动态。

特此通知。

工业和信息化部办公厅
2017 年 6 月 6 日

参 考 文 献

[1] 刘陈，景兴红，董钢．浅谈物联网的技术特点及其广泛应用．科学咨询，2011，9：86．

[2] 黄长清．智慧武汉．武汉：长江出版社，2012．

[3] 陈天超．物联网技术基本架构综述．林区教学，2013，3．

[4] 韵力宇．物联网及应用探讨．信息与电脑，2017，3．

[5] 甘志祥．物联网的起源和发展背景的研究．现代经济信息，2010，1．

[6] 王保云．物联网技术研究综述．电子测量与仪器学报，2009，23：12．

[7] 朱洪波，杨龙祥，朱琦．物联网技术进展与应用．南京：南京邮电大学学报（自然科学版），2011，31．

[8] 丁玉．浅谈光电直读式燃气表与脉冲式燃气表的优缺点．科技创新与应用，2015，23：19．

[9] 费战波，董意德，吴宝寅．摄像直读抄表在燃气表智能化改造中的应用．煤气与热力，2017：474-476．

[10] 王倩倩．针对燃气计量的温压补偿分析．中国科技纵横，2016，128．

[11] 程驷文．燃气计量中的温压补偿分析．中国新技术产新品，2014，21：27．

致　　谢

感谢浙江威星智能仪表股份有限公司自本书编写过程中提供的丰富案例与珍贵资料，使本书所涵盖的内容更加全面完整。

浙江威星智能仪表股份有限公司（以下简称"威星智能"）成立于2005年，是一家长期专业从事智慧燃气信息系统平台、智能燃气表终端、智慧水务解决方案、新一代超声波计量仪表等研发、生产、销售及服务的高新技术企业。经过多年的发展，威星智能已经成为国内领先的智慧燃气整体解决方案供应商之一，拥有智能燃气表从民用到工商业系列完整的产品线，自有知识产权涵盖产品外观设计、电子计量技术、无线通信技术、软件系统等领域，先后参与了31项国家、行业和团体标准及规程的制定，被认定为省级科技研发中心，省级企业技术中心，省级工程研究中心，省重点企业研究院。

近年来，威星智能抓住5G发展契机，推动物联网及互联网技术在行业的应用，形成了市场定位精准、产品系列完整、可靠性高的新一代物联网整体解决方案。作为国内先行研发并推出系列超声波燃气表的企业，威星智能不断加强超声波基础技术研究，产品通过了国际MID认证，并积极推动超声波燃气表国家和行业标准及规程的制定进程。通过建设智慧生产基地、智慧燃气云，深度融合物联网技术，走上数字化发展道路，实现了从制造到"智"造的跨越，公司及相关成果先后被认定为浙江省制造业"双创"平台试点示范企业、杭州市制造业数字化改造攻关项目、浙江省科学技术发明奖、浙江省上云标杆企业。

威星智能适应能源转型发展的新形势，持续开展对前沿技术的探索，将先进计量、移动互联、大数据、云计算、人工智能等现代信息技术及物联网技术与燃气行业深度融合，让智慧生活落地现实，助推新型智慧城市建设。

怀揣"实干兴企、产业报国"的梦想和抱负，威星智能将继续聚焦实业、做精主业，抓住机遇、创新奋斗，为中国经济航船行稳致远作出更大贡献。